KB108627

반려 식물 키우기

식물에도 마음이 있다

반려 식물 키우기 식물에도 마음이 있다

초판 1쇄 인쇄 2021년 3월 25일
초판 1쇄 발행 2021년 3월 30일

지은이 김혜숙
펴낸이 양동현
펴낸곳 아카데미북
출판등록 제 13-493호
주소 02832, 서울 성북구 동소문로13가길 27
전화 02) 927-2345 팩스 02) 927-3199

ISBN 978-89-5681-194-9 / 13520

* 잘못 만들어진 책은 구입한 곳에서 바꾸어 드립니다.

www.iacademybook.com

반려 식물 키우기

식물에도 마음이 있다

김혜숙

아카데미북

머리말

반려 식물, 함께해 보아요

영국 BBC 방송 다큐멘터리에서 「행복 10계명」을 방영한 적이 있습니다. 그중 하나가 "작은 화분 하나라도 식물을 가꾸라"는 것이었습니다. 이는 식물과의 교감으로 사람이 행복해질 수 있다는 의미였습니다.

중학교 시절, 어느 날 우연히 온실에서 고무나무 줄기를 잘라 모래에 꽂는 것을 보았습니다. 얼마가 지나자 그 고무나무에는 뿌리가 생겼습니다. 그때 느낀 그 신기함과 경이로움이 뒷날 제 인생을 결정하는 계기가 되었습니다.

오늘도 저는 한 평 남짓한 아파트 베란다에서 제 삶을 보듬어 주는 꽃 한 송이를 키웁니다. 화초를 가꾸는 일은 곧 제 삶을 돌보는 것이지요. 싹이 나오고 꽃이 필 때면 제 가슴 밑바닥에서부터 전율이 느껴질 정도로 설레며, 살아 있다는 사실에 감사함을 느낍니다.

실내에서 생활하는 시간이 길어지는 요즘, 좁은 공간에서도 반려 식물을 키울 수 있도록 이 책을 기획하게 되었습니다. 식물 키우기의 기본

이론을 전반적으로 배우고, 실생활에서 활용 가능한 쉽고 간단한 작품 만들기를 할 수 있도록 구성하였습니다.

이 책을 통해 여러분들의 삶 속에 풀 한 포기의 행복을 가꾸신다면 이 책을 발간한 보람을 느낄 것입니다. 가슴으로 느끼는 책, 오랫동안 간직하고 두고 두고 보는 책이 되길 바랍니다. 많은 분들이 꽃과 식물을 곁에 가까이 두고 마음과 정신 건강을 보듬어 줄 수 있게 이 책을 공유하고 싶습니다.

2021년 봄이 시작되는 때에

저자 김혜숙

목차

Part 3 계절별로 곁에 두고 싶은 식물

Part 4 이럴 때, 어떤 식물이 좋을까요

Part 5 평범한 공간에 개성을 더하는 플랜테리어

Part 6 직접 만들어요

Part 7 우리 집 식물에 문제가 생겼어요

책을 읽기 전에

본 책에 수록한 식물의 이름은 시중에서 부르는 유통명으로 사용했다.

예를 들어, '타라'('블루체인' 또는 '천사의 눈물'이라고 함)는 유통명이고, 속명은 필레아(Pilea), 종명은 글라우카(Glauca)이다.

● 학명과 영명

'학명'은 전세계에서 통용하는 '식물학적 이름(botanic name)'이다.
'영명'은 '일반적으로 불리는 이름(common name)'으로, 식물의 생김새에 따라 붙여진 것이 많다. 학명과 영명이 동일한 종류도 있고, 다른 종류도 있다.

아이비를 예로 들면, '잉글리시 아이비(English ivy)'는 영명이고, '헤데라 헬릭스(Hedera helix)'는 학명이다.

● 식물학적 분류

린네(Linneus)의 이명명법에 따라, 과명 〉 속명 〉 종명 〉 품종명으로 표기한다.

예1. 고무나무

과명 : 뽕나무과 | 속명 : 고무나무(Ficus) | 종명 : 인도 고무나무(Elastica), 펜다 고무나무(Panda), 벵갈 고무나무(Benghalensis), 벤자민 고무나무(Benjamina), 덩굴성 고무나무(Pumila) 등.

예2. 아글라오네마

과명 : 천남성과 | 속명 : 아글라오네마(Aglaonema) | 종명 : 스노우 사파이어(Snow Sapphire), 스노우 화이트(Snow White), 시암 오로라(Siam Aurora), 실버킹(Silver King), 지리홍(anyamanee) 등.

Part 1

시작해 볼까요

식물 고르기

건강한 식물을 고르는 것이 식물 키우기의 기본이다. 또한 식물을 구입할 때는 식물이 자란 환경 즉 온도와 광선, 습도를 알아야 하고, 어느 장소에 두고 키울 것인지가 가장 중요하다. 집 안의 햇빛이 드는 정도에 따라 선택하는 식물의 종류가 달라져야 한다.

식물을 고르는 기준

▶ 잎의 앞뒷면에 벌레가 없는 것.

▶ 마디가 짧고, 줄기가 굵으며 튼튼한 것.

▶ 화분 밑으로 뿌리가 나와 있지 않은 것. 뿌리가 밖으로 나와 있는 경우에는 분갈이 시기가 늦어 더 이상 자랄 수 없는 것이다.

▶ 꽃과 잎의 색상이 선명하고 얼룩이 없으며 잎에 윤기가 있는 것.

▶ 꽃봉오리가 가득한 것보다 2~3송이 정도만 핀 것. 봉오리만 있는 경우에는 실내가 건조하여 꽃이 피지 않고 말라서 그대로 떨어져 버린다.

▶ 같은 종류 중에서 고를 때는 색이 연한 것보다는 진한 것을 선택한다. 연한 색을 띠는 것은 빛을 적게 보아 식물이 약한 상태이다.

도구 준비하기

식물을 가꾸려면 도구가 필요한데, 굳이 전문적인 것으로 준비할 필요 없이 생활용품으로 대치할 수 있다. 전지가위는 문구용 가위로, 모종삽은 숟가락을 대신 이용하는 식이다. 필요한 도구는 대강 다음과 같다.

▶ 물조리(화분 속에 물을 줄 때는 끝 부분이 긴 것이 좋다.)

▶ 스프레이(분무기)

▶ 가위

▶ 꽃삽(스푼)

▶ 붓(잎에 솜털이 있는 식물에 흙이나 먼지가 묻었을 때 털어 준다.)

▶ 칼(다육식물 등 잎이 두꺼운 식물을 자를 때 사용한다.)

▶ 그 밖의 것 : 핀셋, 빗자루

일회용품 활용하기 일회용품도 잘만 활용하면 훌륭한 도구가 된다. 음료수를 담았던 페트병은 사선으로 잘라서 모종삽 대신 쓴다. 나무젓가락, 포크, 숟가락 등도 매우 유용하다.

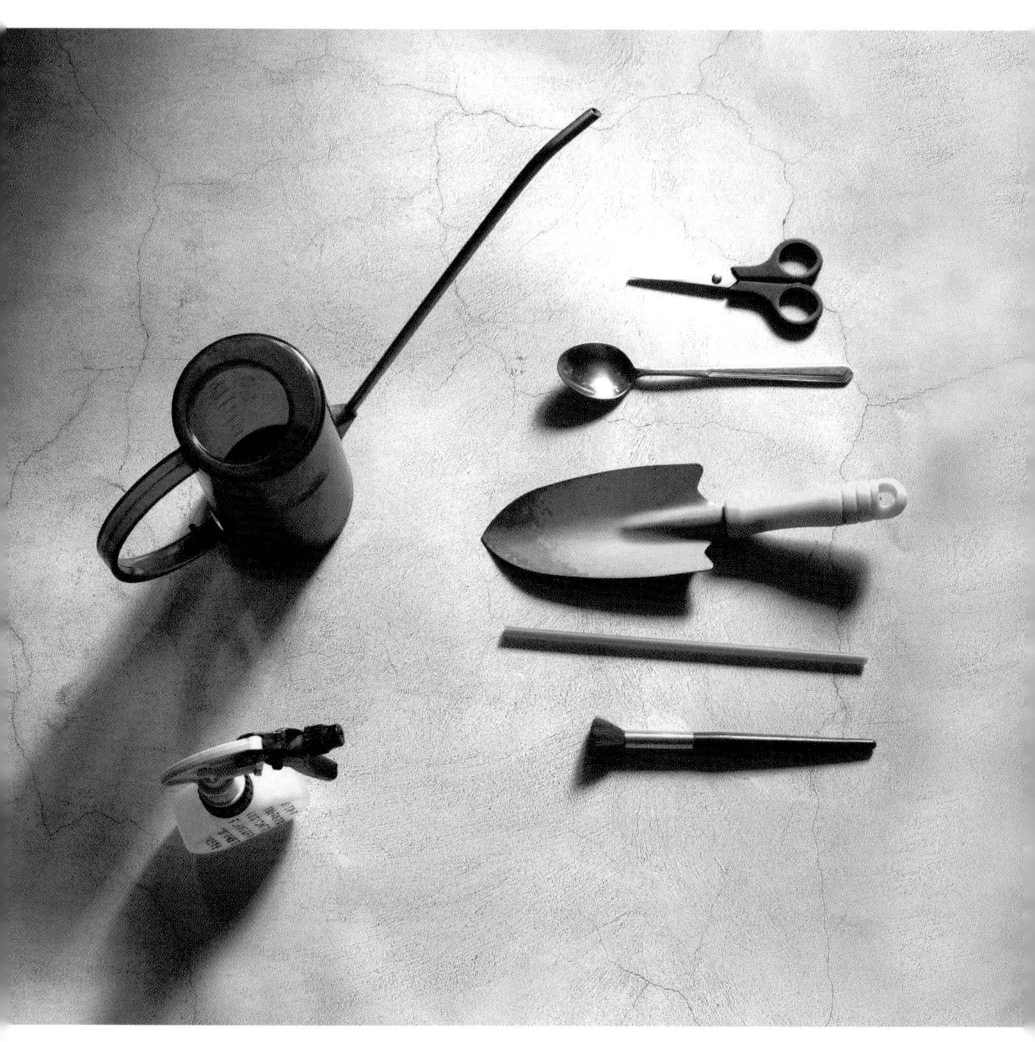

(왼쪽부터 반시계 방향으로) 물조리, 스프레이, 붓, 빨대, 모종삽(꽃삽), 숟가락, 가위

흙

좋은 흙은 물과 양분을 잘 흡수하도록 돕는다. 화분에 흙을 채울 때 지나치게 많으면 물이 스며드는 공간이 부족해서 물이 충분히 스며들지 못한다. 반대로 흙이 적으면 뿌리가 쉽게 마를 수 있다. 물을 줄 때는 흙이 바깥쪽으로 튀지 않고 속까지 잘 스며들 수 있도록 천천히 준다.

흙의 종류

마사토

화강암이 풍화된 흙으로, 물빠짐이 좋고 공기가 잘 통하므로 화분 밑부분에 넣는다. 불순물이 있으므로 물에 깨끗이 씻어서 사용해야 한다.

배양토

부엽토, 퇴비, 버미큘라이트, 펄라이트, 피트모스, 코코피트, 바크(나무껍질) 등을 혼합하여 만든 흙이다. 시중에서는 '원예용 상토', '분갈이 흙'이라는 이름으로 판매된다. 공기가 잘 통하고 물 빠짐이 좋으며 비료 성분도 있다. 또한 흙을 소독하여 벌레가 생기지 않는 장점이 있다. 배양토에 숯이나 맥반석 등을 섞어 사용해도 좋다.

장식돌

다양한 색과 모양으로 식물을 돋보이게 한다. 화분 위를 완전히 덮으면 흙이 젖었는지 말랐는지 알기 어려우므로 일부만 덮어서 장식한다.

〈 흙의 종류 〉

마사토 부엽토 바크 맥반석

〈 시중에서 구할 수 있는 흙 〉

〈 다양한 색과 모양의 장식돌 〉

화분

토분, 도자기, 플라스틱, 유리, 나무, 바구니, FRP 등 다양한 재질의 화분이 있다.

토분 흙을 빚어 불에 구워 만든 것으로, 바람이 잘 통하여 식물 뿌리가 숨을 쉴 수 있어서 좋다. 하지만 화분 표면으로 물이 증발되는 특징이 있으므로, 물을 많이 필요로 하는 식물을 심으면 물을 더 자주 주어야 한다. 색상이 갈색이고 질감이 자연스러워 식물과 잘 어울린다.

유리분 수경재배, 테라리움, 아쿠아리움(물고기정원)에 주로 쓰인다.

나무 화분 자연 친화적인 재료와 색상이 눈을 편하게 한다. 방수 처리하여 사용한다. 방수 처리를 하지 않은 경우에는 내부에 비닐을 깔거나 바니시 등의 방수액을 발라 말린 뒤에 사용한다.

바구니 재료의 돌출감이 밋밋한 식물을 돋보이게 한다. 운반하기 쉽도록 손잡이가 달려 있거나, 벽에 매달 수 있도록 끈이 달린 것도 있다. 재질이 물에 닿으면 썩기 쉬우므로 안에 비닐을 넣은 뒤 식물을 담는다. 재료를 꼬아서 만드는 바구니 특성상 비닐이 찢어질 수 있으므로 안쪽 바닥에 신문지를 깔아야 한다.

〈 여러 종류의 화분 〉

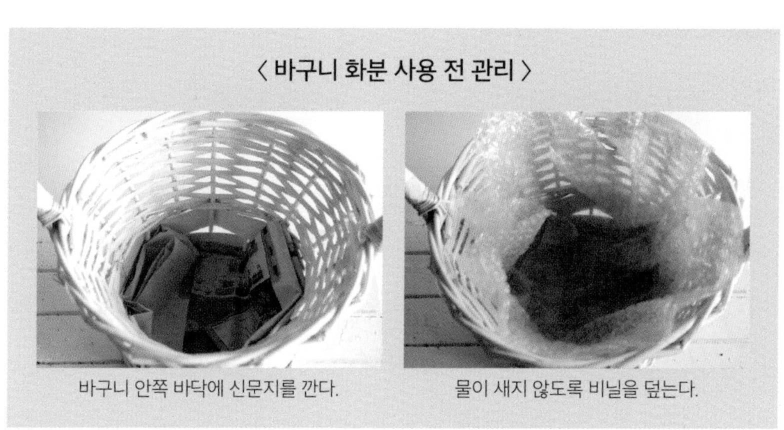

〈 바구니 화분 사용 전 관리 〉

바구니 안쪽 바닥에 신문지를 깐다.

물이 새지 않도록 비닐을 덮는다.

비료

비료는 꽃이 피지 않을 때, 잎의 색상이 연할 때, 생장 속도가 느릴 때, 영양이 부족해서 잎이 떨어질 때 준다. 햇빛이 많이 들어오는 공간에서는 비료 흡수량이 많고, 광선이 적은 곳은 흡수 능력이 떨어진다.

비료의 종류

물비료(액체 비료) 비료 중에서 효과가 가장 빠르다.

알비료 화분 위에 3~4개를 올려 놓으면 물을 줄 때마다 흙에 스며들어 효과가 나타난다. 비료의 효과가 비교적 느리게 나타나는 편이며, 6개월에 한 번씩 준다. 지름 10cm 화분에는 녹두알 크기의 알비료 5개를, 지름 15cm 화분에는 팥알 크기의 알비료 5개를 준다.

분말 비료(가루 비료) 흰 가루 비료로, 물에 희석해서 쓴다. 하이포넥스가 대표적이며, 물 1L에 분말 비료 1g 또는 액체 비료 1cc를 섞어서 1,000배액을 만들어 쓴다. 단, 수경재배하는 경우에는 비료 성분이 뿌리에 직접 닿으므로 2L에 동량을 넣어 2,000배로 희석하여 사용한다.

〈 여러 종류의 비료 〉

〈 시중에서 구할 수 있는 비료 제품 〉

입자형 비료 크기와 알갱이의 모양이 다양하다. 크기가 작을수록 효과가 빨리 나타난다. 화분의 크기에 따라 주는 양을 달리하면 된다.

앰플형 비료 흙 위에 꽂아 놓는다. 효과가 매우 빠르다.

비료의 성분

질소(N) 잎줄기를 튼튼하게 해 준다.
인산(P) 꽃이 많이 피게 하고, 열매가 잘 열리게 한다.
칼리(K) 뿌리 발육을 좋게 하므로 알뿌리 식물에 특히 중요하다. 추위와 병충해에 대한 저항력을 키워 준다.

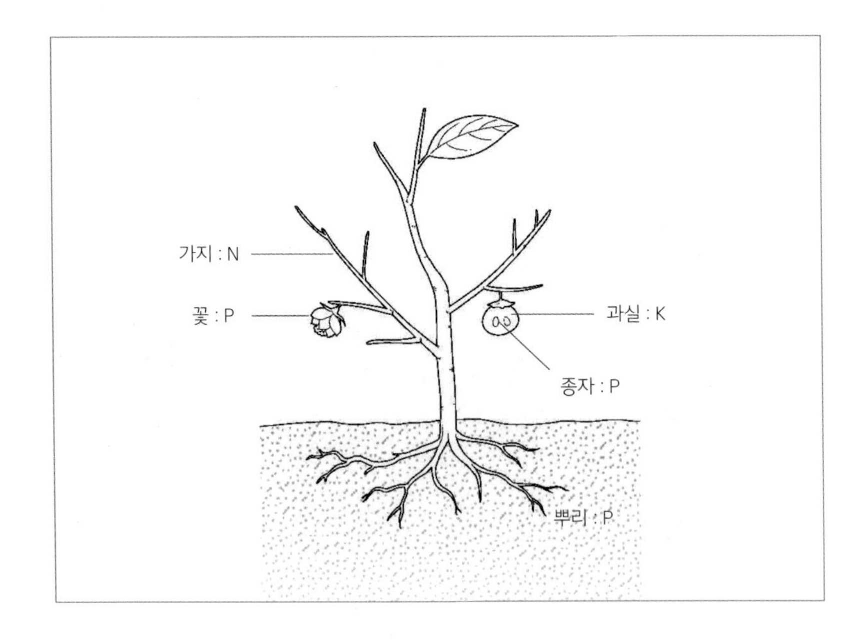

〈 비료의 양이 식물에 미치는 영향 〉

비료가 부족할 때	비료가 과잉일 때
• 잎의 색이 옅어지고 노란 반점이 생긴다. • 꽃이 작아지고 색이 옅어지거나 꽃이 피지 않는다. • 줄기가 약해진다. • 아래쪽 잎이 빨리 떨어진다.	• 잎에 갈색 반점이 생기거나 잎 전체가 까맣게 타 버린다. • 잎이 오므라들거나 기형이 된다.

비료를 줄 때 주의할 점

1 꽃 피는 식물에 질소 비료를 지나치게 많이 주면 잎만 무성하고 꽃이 피지 않는다.

2 비료를 주는 시기는 식물이 성장하는 봄가을에 준다.

3 빨리 자라게 하기 위하여 많이 주면 오히려 잎이 타거나 뿌리가 상하므로 적정량을 주어야 한다.

4 분갈이를 한 직후에는 뿌리가 약해질 수 있으므로 비료를 주지 않는다.

5 산에서 가져온 흙은 벌레가 있으므로 소독하여 사용한다. 비닐봉지에 흙이 젖을 정도의 물을 넣고 밀봉한 뒤에 강한 햇빛에 놓아두면 벌레가 죽는다.

6 잎에 비료를 줄 경우에는 액체 비료 또는 분말 비료를 물에 타서 분무기로 잎에 직접 뿌려 준다. 뿌리가 약하거나, 기온이 낮아서 뿌리

가 비료를 흡수하기 어려울 경우, 병충해를 입었거나 옮겨 심은 직후에는 잎에 비료를 주면 효과를 빨리 볼 수 있다.

달걀 껍질 비료

달걀 껍질은 흙이 산성화되는 것을 방지하고, 물빠짐을 좋게 한다. 굴 껍질이나 조개 껍질도 같은 효과를 낸다.

달걀 껍질을 화분에 올려놓는다.

만드는 법

1 달걀 껍질을 모아서 펼쳐 놓고 말린다.
2 달걀 껍질이 완전히 마르면 잘게 부순다.
3 잘게 부순 달걀 껍질을 화분에 올려놓고 흙으로 덮어 준다.

막걸리 비료

막걸리 비료는 식물에 활력을 준다.

만드는 법

1 1리터들이 빈 생수통에 막걸리 1컵과 설탕 1/2컵을 넣는다. 설탕은

막걸리에 들어 있는 미생물의 먹이가 된다.

2 설탕이 잘 녹도록 흔들어 준 뒤 12시간을 놓아 둔다.

3 물 1리터에 막걸리 원액을 1/3컵 넣고 흔들어 섞어서 사용한다.

바나나 껍질 비료

바나나 껍질에 들어 있는 칼륨과 효소가 식물의 성장에 필요한 것이므로 바나나 껍질을 비료로 사용하면 식물의 성장을 촉진한다.

만드는 법

1 바나나 껍질을 잘게 썰어서 바짝 말린다.

2 바나나 껍질이 마르면 잘게 부수어(믹서에 곱게 갈아) 주 1회 준다.

커피를 내려 마실 때 나오는 원두 찌꺼기를 말려서 화분 흙 위에 올려 놓으면 집 안에 커피 향이 퍼진다. 물을 줄 때 흙 속으로 스며들어 거름이 되기도 하므로 일석이조. 한 달에 한 번 정도 1티스푼씩 뿌려 둔다.

Part 2

어떻게 해야 식물을
잘 키울 수 있을까요

물주기

물만 잘 주어도 반은 성공했다고 할 만큼 식물을 키우는 데는 물주기가 중요하다. 물을 주지 않아서 죽이는 경우보다 많이 주어서 죽이는 경우가 더 많다. 물을 조금씩 자주 주면 겉흙만 젖을 뿐 속흙은 여전히 말라 있고, 반대로 겉흙과 속흙이 항상 젖어 있는 것도 좋지 않다. 왜냐하면 뿌리가 항상 젖어 있는 상태가 되어, 산소 부족으로 호흡을 하지 못하여 결국 뿌리가 물러서 썩어 버리기 때문이다. 따라서 물을 줄 때는 겉흙이 말랐을 때 배수 구멍으로 빠져 나올 만큼 흠뻑 한 번에 주어야 한다. 흙에 손가락을 2~3cm 깊이로 넣어 만져 보고 말랐을 때 물을 준다.

〈 물주기 원리 〉

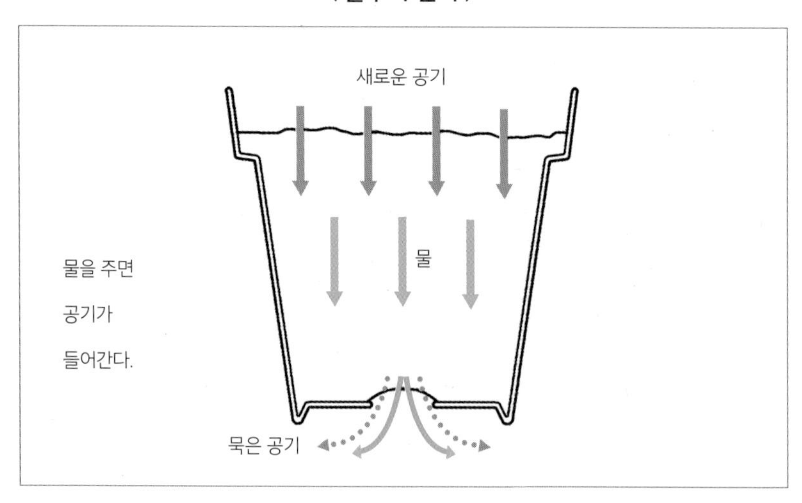

물을 줄 때 주의할 점

1 물 온도는 20℃ 전후가 적당하다.

2 겨울철에는 물에 손을 담가 온도를 점검한 뒤 차갑지 않게 맞춘다.

3 일반적으로 여름에는 오후 해가 진 뒤에 주고, 겨울에는 오전 10시 경에 준다. 아침에 물을 주면 햇빛이 있는 동안 뿌리 활동을 활발하게 한다. 하지만 여름철 오전에 주면 흙의 온도가 높아져서 뿌리가 상하고, 겨울철 오후에 주면 흙의 온도가 낮아서 뿌리가 언다.

4 한 달에 한 번 정도 식물 전체에 샤워기로 물을 뿌려 주면 잎에 있는 먼지가 씻겨 내려가서 좋다. 잎에 먼지가 있으면 광합성작용이 약해지고, 잎을 닦아 주면 기공이 열리면서 산소 발생이 쉬워져 공기 정화 효과를 얻을 수 있다.

5 꽃이 피어 있을 때는 꽃이 없을 때보다 물을 더 많이 주어야 한다.

〈 물의 양과 뿌리의 발달 관계 〉

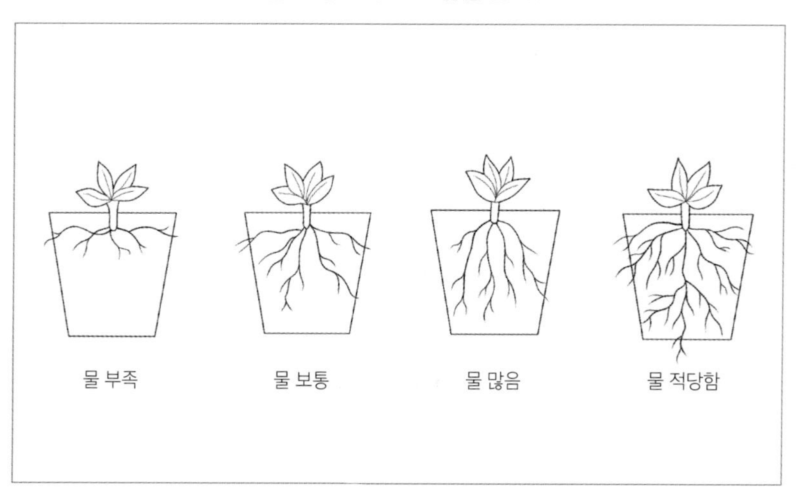

식물의 특성에 따른 물주기

잎이 얇고 뿌리가 가는 식물은 물을 자주 주고, 입이 두껍고 뿌리가 굵은 식물은 물을 더디 준다.

구분	자주 물 주기	더디게 물 주기
식물 종류	관엽식물	난 / 다육식물
잎 두께	얇다	두껍다
줄기, 뿌리 굵기	가늘다	굵다
장소	창가	그늘
계절	여름	겨울
대기 습도	낮을 때(맑은 날)	높을 때(흐린 날)
화분의 종류	토분	도자기분
식물 크기	작은 것	큰 것
흙의 종류	모래	진흙

잎이 얇고 뿌리가 가는 트리안

잎이 두껍고 뿌리가 굵은 호접란

잎에 털이 있는 식물 물주기

잎에 솜털이 있는 아프리칸 바이올렛, 베고니아 종류, 글록시니아 등은 잎에 물이 닿지 않도록 물을 흙에 직접 준다.

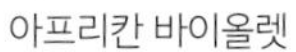

아프리칸 바이올렛

잎 베고니아

글록시니아

온도

식물이 자라려면 적당한 온도가 필요하다. 열대식물은 25~35℃, 온대 식물은 15~20℃이다. 실내에서 키우는 식물은 대부분 열대~아열대 식물이다. 추위에 약한 실내식물을 알아 두면 관리하기가 쉽다.

〈 식물의 적정 생육온도 〉

식물	온도	종류
추위에 약한 식물	최저 온도 13℃ 이상	디펜바키아, 아프리칸 바이올렛, 피토니아 등
추위에 강한 식물	최저 온도 5℃ 이상	아이비, 철쭉류, 푸밀라 등

실내 식물 온도 맞추기

▶ 겨울철 야간 온도가 낮을 때에는 식물 주위에 신문지를 덮어 두거나 비닐을 씌워 두면 약 2℃ 정도 올라간다. 비닐을 두세 겹 싸 주면 5℃ 정도 올라간다.

▶ 에어컨이나 난방기구 옆에는 식물을 두지 않는다.

▶ 겨울철에 문 옆에 식물을 두면 문을 열 때마다 찬 공기가 들어와 실

〈 추위에 약한 식물 〉

디펜바키아

피토니아

바이올렛

〈 추위에 강한 식물 〉

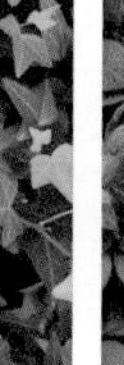

아이비

철쭉류

푸밀라

내 온도가 낮아지므로 식물이 냉해를 입는다.

▶ 한여름에 밖에서 키울 때는 흙이 지나치게 뜨거워져서 뿌리가 상할 수 있다. 이때는 짚이나 풀을 덮어 온도를 낮춰 준다.

▶ 잎이 두꺼운 식물보다 얇은 식물이 추위에 약하다.

▶ 특히 겨울철에 발코니 온도가 영하로 내려가면 발코니로 통하는 거실 문을 열어 둔다.

햇빛

식물은 물과 양분을 흡수한 뒤 햇빛을 받아 광합성작용을 하여 영양생장(잎, 줄기, 뿌리)과 생식생장(꽃, 열매)을 한다. 광합성작용은 잎의 기공(잎의 뒷면에 있는 공기구멍)을 통해서 대기 중의 이산화탄소와 뿌리에서 빨아올린 물이 햇빛을 이용하여 잎에서 포도당을 만들고 산소를 배출한다.

〈 광합성작용 〉

$6CO_2$(이산화탄소) + $6H_2O$(물)

⇩ 빛에너지

$C_6H_{12}O_2$(포도당) + $6O_2$(산소)

식물의 종류와 빛의 세기

실외에서 햇빛을 직접 받는 곳에서 자라는 식물을 '양지식물', 창가에서 햇빛을 받으며 자라는 식물을 '반음지식물', 실내의 빛이 약한 곳에서 자라는 식물을 '음지식물'이라고 한다.

〈 식물의 종류와 빛의 세기 〉

식물	빛의 세기	특징
양지식물	직사광선	온대 식물로, 잎의 수가 많고 두껍고 폭이 좁으며, 꽃이 피는 것이 특징이다. 초화류(일년초), 알뿌리, 꽃나무, 국화, 소나무 등이 있다.
반음지식물	반직사광선	양지식물과 음지식물의 중간 상태이다. 잎을 보는 식물 중에서 잎에 색상이 있는 종류(크로톤)와 꽃이 피는 종류(아프리칸 바이올렛, 임파첸스, 안스리움)가 있다.
음지식물	약한 광선	온실이나 실내에서 키우는, 열대 원산지의 잎을 보는 식물이다. 잎의 수가 비교적 적고 폭이 넓으며 꽃이 피지 않는다. 싱고니움, 야자류, 필로덴드론 등이 있다.

수선화 / 안스리움 / 싱고니움

란타나 / 크로톤 / 아레카야자

〈 빛의 세기에 따른 식물의 변화 〉

양지식물을 음지에서 키우면	음지식물을 양지에서 키우면
• 잎이 넓어지고 무늬가 없어진다. • 잎의 두께가 얇아지고 잎의 수가 줄어든다. • 아랫잎이 떨어진다. • 줄기가 연약하고 길어지며 키가 웃자란다. • 꽃이 적게 피고, 향기가 없어지며, 색상이 옅어진다.	• 잎의 크기가 작아지고 두꺼워진다. • 줄기가 짧아지고 키가 작아진다. • 잎은 엽록소가 파괴되어 잎뎀 현상(일소병 : 강한 햇볕에 식물이 타는 것)이 나타난다.

〈 햇빛의 강도에 따른 식물의 현상 〉

햇빛이 부족하여 웃자란 제라늄

강한 햇볕에 잎이 누렇게 변한 네펜데스

잎뎀 현상이 나타난 행운목

햇빛 조절하기

햇빛이 필요한 식물을 갑자기 실내에 들여올 때 또는 겨울 내내 실내에서 키운 식물을 햇빛이 있는 바깥에 내놓았을 때는 환경의 변화에서 오는 스트레스를 줄이기 위해 일정 기간을 햇빛에 서서히 적응하게 해야 한다. 즉 약한 빛에서 중간 빛으로, 그 뒤에 강한 빛으로 옮겨 간다. 예를 들어, 겨울 내내 실내에 있던 벤자민 고무나무를 봄이 왔다고 갑자기 바깥으로 옮겨 놓으면 잎뎀 현상이 일어나므로, 먼저 야외 큰 나무 밑에 두고 약한 빛에 적응시킨 뒤에 반그늘로 옮긴다.

습도

습도는 공기 중에 있는 수증기의 양으로, 기온의 영향을 받는다. 대부분의 식물은 40% 이상의 습도가 필요하다. 선인장과 다육식물은 30~40%, 실내식물은 50~60%, 잎이 얇은 고사리과 식물(아디안텀, 보스턴고사리)는 70~80%가 알맞다. 겨울철 고층 아파트 거실은 습도가 30% 정도로 낮아서 잎이 마른다.

맑은 날 낮의 습도는 40~50%이다.

흐린 날 저녁의 습도 60~70%이다

실내 습도를 높이는 방법

▶ 잎이 큰 관엽식물을 두면 증산작용으로 습도를 높일 수 있다. 드라세나·쉴프렐라·야자류 등이 도움이 된다.

식물 주변에 물을 담은 큰 용기를 두면 습도가 높아진다.

▶ 분무기로 잎에 물을 자주 뿌려 준다.

▶ 식물 주변에 물을 담은 큰 용기를 둔다.

▶ 가습기를 틀어 놓는다.

잎이 시들어 축 늘어졌을 때

잎이 시들면 흙이 마른 것이다. 마삭줄·아디안텀·애기눈물·트리안·푸밀라 등 잎이 작고 얇으며 뿌리가 가는 식물은 금세 시든다.

해결 방법 1

투명한 비닐봉지나 유리 용기, 플라스틱 통 등에 넣고 물을 준 뒤 그늘(다용도실, 목욕탕)에 1~2일 두면 다시 살아난다. 그러나 1~2일 뒤에도 잎이 살아나지 않으면 뿌리가 말라 버린 상황이라 소생하기 어렵다.

투명 플라스틱 통을 덮어 놓는다.

애기눈물처럼 건조에 약한 식물은 뚜껑 있는 용기에 넣고 물을 준 뒤 뚜껑을 덮어 두면 살아난다.

해결 방법 2

흙과 식물 전체에 물을 준 뒤, 잎에서 증산작용을 하지 못하도록 비닐봉지를 식물 전체에 씌운다. 그 상태로 그늘에 하루 정도 두면 잎이 다시 싱싱해진다.

비닐봉지를 식물 전체에 씌우고 하루를 둔다.

통풍(환기)

실내에서 식물을 키울 때는 특히 창문을 자주 열어서 환기해 주어야 한다. 미세 먼지가 많아 창문을 열지 못할 때는 선풍기를 틀어 준다. 겨울철에는 건조해서 깍지벌레나 응애가 많이 생기므로 낮에 수시로 창문을 열어 환기한다. 장마철에는 습도가 높아 식물체가 뭉그러질 수 있으므로 환기에 신경 써야 한다. 평소 창문을 수시로 여닫되, 겨울철이 되어 온도가 10℃ 이하로 내려갈 때는 창문을 닫는다. 단, 겨울에도 온도가 10℃ 이상이 될 때는 열어 놓는다.

실내에서 식물을 키울 때는 통풍에 신경 써야 한다.

병충해

벌레는 실내가 건조하거나 환기가 제대로 되지 않을 때 생기고, 균은 습도가 높을 때 주로 발생한다.

병충해의 종류

깍지벌레(개각충)

깍지벌레는 식물에서 가장 흔히 볼 수 있다. 갈색 또는 흰색인데, 특히 흰색 깍지벌레는 솜으로 뒤덮여 있는 모양이다. 잎의 앞뒷면이나 줄기에 붙어서 즙액을 빨아 먹으므로 결국은 식물이 죽어 버린다. 식물의 잎이 크면 벌레를 물걸레로 닦아 없애고, 잎이 작은 식물에는 약제를 살포한다. 벤자민고무나무 · 귤나무 · 금전수 · 다육식물 등에 생긴다.

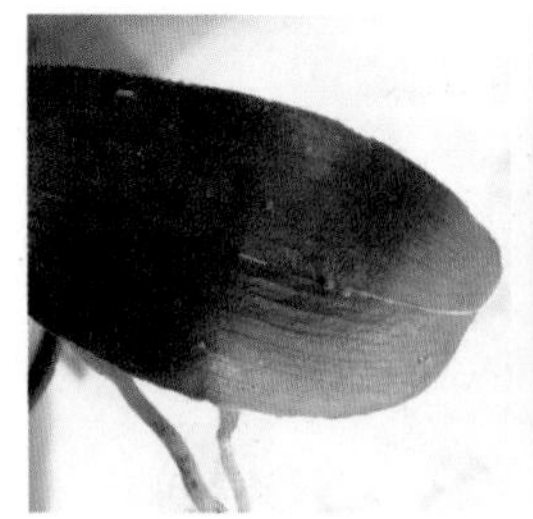

호접란에 생긴 깍지벌레

자금우에 생긴 깍지벌레

자금우 잎이 끈적끈적하다.

진딧물

온도가 높고 건조한 봄철에 어린잎·줄기·꽃봉오리 등에 다닥다닥 붙어서 즙액을 빨아 먹는다. 식초를 섞은 물을 분무기에 넣어서 여러 차례 뿌려 주면 없어진다. 치자나무·국화·장미, 채소로 가꾸는 고추 등에 자주 발생한다.

온실가루이

흰색의 작은 나방(white fly)이다. 잎의 뒷면에 붙어 즙액을 빨아 먹으므로 결국 식물의 잎이 퇴색하여 떨어져 버린다. 포인세티아·란타나 등에 잘 생긴다.

민달팽이

습한 화분 밑에 숨어 있다가 밤이 되면 돌아다니면서 꽃·줄기·뿌리·잎 등을 갉아먹는다. 달팽이가 지나간 자리에는 점액질이 묻어 있다. 젖은 솜이나 무 조각 등을 화분 주위에 놓아 민달팽이을 유인해서 잡는다. 호접란·스파티필름 등에 흔히 생긴다. 잡기 어려운 경우에는 팽이싹 등의 약제를 쓴다.

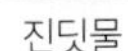

진딧물

온실가루이

민달팽이

흰가루병

기온이 낮은 봄가을에 줄기나 봉오리에 생긴다. 잎에 흰색 반점이 퍼져서 흰 곰팡이처럼 된다. 햇빛을 차단하여 식물의 광합성작용을 막아 식물이 약해진다. 이때 햇빛과 통풍에 신경을 쓴다. 철쭉 · 드라세나 · 벤자민고무나무 등에 생긴다. 약제를 살포한다.

그을음병

잎 뒷면에 검은 그을음과 같은 곰팡이 포자가 덮여 있어 광합성작용을 방해한다. 깍지벌레의 분비물에 곰팡이가 발생하여 생기는 것이다. 귤나무 · 고무나무 · 동백나무 · 야자류 등에 생긴다. 약제를 살포한다.

응애

고온 건조할 때 거미줄을 쳐 놓은 것 같이 잎 뒷면에 작은 반점이 가득하다. 즙액을 빨아 먹어 말라 죽는다. 천사의 나팔 · 귤나무 · 동양란 등에 생긴다. 약제를 살포한다.

흰가루병

그을음병

응애

약제를 뿌리는 방법

농약 성분이기 때문에 희석하여 사용할 경우 반드시 장갑을 끼고 잎의 앞뒷면과 줄기 사이사이에 꼼꼼하게 뿌려 준다. 특히 깍지벌레는 몸집이 딱딱하므로 한 번으로는 효과가 없으므로 사흘 연속으로 뿌려 주어야 벌레 몸에 약제가 침투하여 효과가 있다.

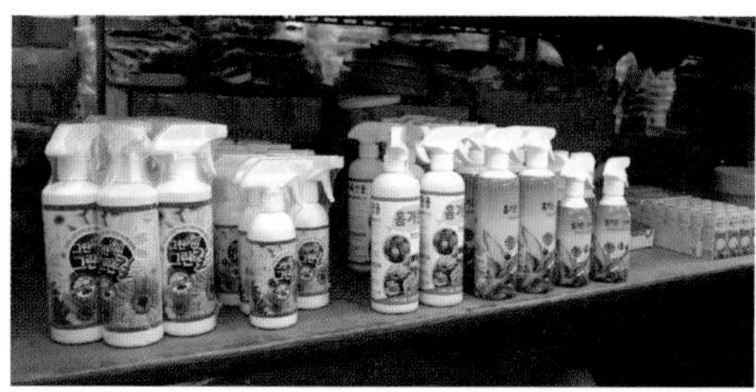
전시되어 있는 약제

민달팽이 약제

병충해 예방하는 법

▶ 시든 잎이나 병든 잎은 병균을 다른 잎에 옮길 수 있으므로 즉시 자른다.

▶ 식물 전체에 자주 분무하여 건조하지 않게 해 준다.

▶ 한겨울이라도 낮에 환기를 자주 해서 통풍이 잘되도록 하면 병충해가 예방된다.

분갈이

화분 안에 뿌리가 자나치게 가득 차면 양분과 물을 흡수하기 어렵다. 또한 오랫동안 물을 주면 흙이 굳어 버려 물이 빠지기 어려우므로 보통 1~2년 주기로 새로운 흙에 옮겨 심어서 분갈이해 주면 좋다. 햇빛이 지나치게 강하지 않은 날(흐린 날) 바람이 없을 때 쉽게 진행할 수 있다. 분갈이 후 그늘에서 4~5일을 놓아두고, 이후에는 반그늘(잎을 보는 식물), 햇빛(꽃을 보는 식물)으로 옮겨서 키운다.

분갈이할 때 분의 크기는 이전의 화분보다 지름이 2cm 정도 큰 것으로 선택한다. 지나치게 큰 화분에 심으면 뿌리만 발달하고 잎이 적어진다.

분갈이 순서

1 한손으로 식물을 잡고 화분에서 빼낸다.

2 흙을 털어 낸 뒤 썩거나 엉켜 있거나 오래된 뿌리를 1/3 정도 잘라내어 정리한다.

3 조금 더 큰 화분을 골라 밑바닥에 배수망을 깐다. 배수망이 없을 때는 양파망을 대신 써도 된다.

4 ③에 숯과 마사토를 넣고 배수층을 만들어 준다.

5 ④에 배양토를 약간 넣고 식물을 화분 중앙에 배치한다.

6 흙을 가득 채우면 물을 줄 때 넘치므로, 화분 용량의 80~90%만 넣는다. 화분 밑바닥을 가볍게 쳐 주면 흙이 뿌리 사이사이에 고루 들어간다.

7 화분을 전체적으로 가볍게 흔들어 흙이 뿌리 사이에 잘 들어가도록 하며 마무리한다.

〈 스파티필름 분갈이 〉

순따기, 가지자르기

순따기는 줄기의 생장점을 따 주어 곁가지를 늘리는 방법으로, 키가 지나치게 자라는 것을 막고, 곁순이 나와 포기가 풍성해지고 꽃이 많이 핀다. 가지자르기는 가지를 잘라 주어 나무 전체의 형태를 아름답게 하고 꽃도 많이 피게 하는 방법이다. 가지자르기에 따라 모양이 다양해진다. 예를 들어, 수국은 7월 말경 아래에서 세 마디만 남기고 가지를 자르면 포기가 풍성해지고 이듬해 꽃이 많이 핀다.

순따기 - 란타나

줄기의 생장점을 잘라 준다.

순따기

임파첸스 줄기의 생장점을 따 준다.

후크시아 생장점마다 새싹이 나온 모습

가지자르기 - 제라늄

생장점을 잘라 준 제라늄 줄기 마디마다 새순이 나왔다.

잎꽂이, 줄기꽂이, 포기나누기

개체 수를 많이 얻기 위하여 꺾꽂이(삽목)을 한다. 자르는 부위에 따라 잎꽂이, 줄기꽂이, 포기나누기가 있다. 뿌리를 잘 내리는 환경은 온도 25~30℃, 습도 50~60%이므로, 장마철에 하는 것이 좋다.

잎꽂이

잎꽂이는 2가지 방법이 있다.

▶ 잎자루를 잘라 흙에 꽂는다. 하트 호야, 아프리칸 바이올렛, 글록시니아 등.

▶ 잎 한 장을 여러 개로 잘라서 흙이나 물에 꽂는다. 산세베리아, 렉스 베고니아 등.

〈 잎자루꽂이 〉

하트 호야 잎꽂이

잎자루를 잘라 흙에 묻는다.

〈 잎꽂이 〉

산세베리아 잎꽂이

천손초 떨어진 잎에서 나온 새싹

줄기꽂이

줄기를 5~6cm 정도 잘라 흙이나 물에 꽂아 번식시키는 방법으로, 거의 모든 식물이 줄기꽂이 번식이 가능하다. 고무나무나 동백처럼 줄기에 붙은 잎이 클 때는 잎을 반으로 자른다. 그 이유는, 수분 증발을 막아 뿌리를 빨리 내리게 해야 하고, 잎을 통해 광합성작용도 해야 하기 때문이다. 대표적인 식물로 제라늄·스킨답서스·임파첸스 등이 있다.

제라늄 줄기를 자른다.

자른 줄기를 화분에 심는다.

포기나누기

한 포기에서 눈을 3~4개 붙여서 나누는 것이다. 오래된 포기는 뿌리가 엉켜 있고, 꽃의 수도 줄어드는 등 식물체가 약해지므로 2~3년에 한 번씩 포기나누기를 한다.

▶ 여러해살이풀은 꽃이 진 뒤에 포기나누기를 한다. 국화·꽃창포 등이 있다.

▶ 잎을 보는 관엽식물은 봄이나 가을에 실행한다. 싱고니움·보스톤 고사리(네프로네피스) 등이 있다.

금전수 포기나누기

1 금전수, 배양토, 마사토, 배수망을 준비한다.
2 화분 바닥에 배수망을 깐다. 배수망이 없으면 양파망을 대신 써도 된다.
3 마사토를 1cm 높이로 넣는다.
4 배양토를 화분 깊이의 20% 정도 넣는다.
5 화분에 꽉 찬 금전수를 꺼낸다.
6 금전수를 반으로 나눈다. 포기 상태에 따라 더 많이 나눌 수도있다.
7 반으로 나눈 금전수를 화분에 담고 배양토를 넣는다.
8 배양토를 금전수 둘레에 꼼꼼히 채워 넣는다. 이때 화분 용량의 80% 선까지만 넣어 물을 줄 수 있는 공간을 남겨 둔다.
9 마사토를 올려 마무리한다.

〈 금전수 포기나누기 〉

Part 3

계절별로 곁에 두고 싶은 식물

일년 내내 같은 식물을 곁에 두고 보는 것은 지루하다.

계절감을 느낄 수 있는 식물을 선택해 보자.

봄

프리뮬러

봄에 어울리는 식물

추운 겨울이 지나고 아직은 쌀쌀한 이른 봄, 집 안에 먼저 봄을 맞이해 보자. 창가나 책상 위에 놓인 초록색 화분이나 꽃 한 송이는 우선 눈을 즐겁게 하고 마음을 상쾌하게 한다.
추위가 남아 있는 때에 수선화 · 튤립 · 히야신스 등 알뿌리 식물로 수경 재배를 해 본다. 좋은 알뿌리는 크고 단단하고 무거우며, 색상이 선명한 것이다. 또 표면이 매끈하고 알뿌리가 두꺼운 것이 좋다. 앙증맞은 형태와 다양한 색상을 가지고 있는 프리뮬러는 봄에 꽃을 피우는 대표적인 식물이다.

프리뮬러(뉴질랜드 앵초)

이른 봄을 대표하는 꽃으로, 흰색 · 노란색 · 분홍색 · 빨간색 · 보라색 등 색상이 매우 다양하다. 빈직사광선에서 키우며, 햇빛이 부족하면 꽃이 적게 피고 크기가 작아지며 색상도 선명하지 않다. 겨울에는 햇빛이 잘 드는 창가에 두고, 여름에는 강한 햇빛이 들지 않는 반직사광선에 둔다. 진딧물이 생기지 않도록 환기를 자주 해 준다. 4월 이후에는 통풍이 잘되는 곳에서 관리한다.
습기가 있는 땅을 좋아하며, 적정 생육온도는 10~15℃이고, 20℃ 이상에서는 잎이 누렇게 변한다. 꽃을 피우려면 한 달에 2회씩 비료를 준다. 번식은 가을에 포기나누기로 한다. 봄에 꽃이 진 뒤에 선선하고 바람이 잘 통하는 반직사광선(나무 그늘)에 놓아두면 이듬해 다시 꽃을 볼 수 있다.

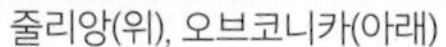

줄리앙(위), 오브코니카(아래)

말라코이데스

줄리앙 키가 작고 꽃송이도 올망졸망하다.

오브코니카 잎이 크고 둥글고 넓다. 꽃잎도 크고 많은 꽃송이가 모여 핀다. 잎의 거친 털은 체질에 따라 피부 알레르기를 일으킬 수 있다.

말라코이데스 잎이 둥글고 작으며 주름이 있다. 잎 가장자리에 톱니 모양이 불규칙하게 나 있고, 잎 뒷면과 줄기는 흰 가루로 덮여 있다. 아래에서 위로 작은 꽃이 나선형으로 피는 것이 특징이다.

수선화

노란색이나 흰색 꽃이 홑꽃 또는 겹꽃으로 피는데 향기가 좋다. 9~10월에 알뿌리를 심어 놓으면 이른 봄에 싹이 나와 꽃이 핀다. 수경재배

수선화

칼세올라리아(주머니꽃)

나 화분 재배 모두 가능하며, 화단에 한 번 심어 놓으면 해마다 계속해서 핀다. 그런데 실내에서 온도가 높으면 잎이 누렇게 된다. 발코니나 베란다처럼 햇빛이 들고 온도가 낮은 곳에서 키워야 한다. 꽃을 오래 보려면 10~15℃를 유지해 준다. 참고로, 튤립은 구근이 퇴화하여 다음 해에 다시 피기 어렵다.

칼세올라리아

가을에 씨를 뿌리는[추파] 1년생 초화이다. 화려한 꽃이 주머니처럼 생겨서 '주머니꽃'이라고도 부른다. 적정 생육온도는 15~20℃이며, 고온에서는 연약해진다. 물을 줄 때는 꽃에 닿지 않도록 주의한다. 햇볕이 충분하고 통풍이 잘되면 꽃이 오래 간다. 건조하고 환기가 제대로 되지 않으면 잎 뒷면에 진딧물이 생긴다.

● 아레카 야자

여름에 어울리는 식물

식물의 모양은 매우 다양하다. 키가 크거나 작은 것, 잎과 가지가 많거나 적은 것, 잎의 색상이 화려하거나 은은한 것 등이 있다.
여름철에는 키가 크고, 줄기 끝에 잎이 있는 것, 잎의 수가 적은 것, 색상이 시원한 느낌을 주는 초록색, 흰색인 것이 좋다. 예를 들면, 아레카야자 · 파키라 · 스노우 사파이어 같은 것이다.

아레카 야자

잎의 모양이 길고 시원하게 뻗어 공간 장식을 활용하는데 많이 쓰이는 식물이다. 반직사광선에서 잘 자라며, 여름에 강한 햇빛에 두면 잎이 탄다. 적정 생육온도는 18~24℃이며, 실내가 건조하면 깍지벌레나 응애가 생기고 잎 끝이 황갈색으로 변한다.

테이블 야자

'테이블에 놓는 야자나무'라는 뜻의 이름이다. 키는 2m 정도까지 자라는데 생장 속도가 매우 빠르다. 잎이 주는 우아한 모양이 이국적인 느낌을 낸다. 추위와 음지에 강해 초보자도 쉽게 기를 수 있다. 한여름의 강한 광선에 잎이 퇴색되므로 반직사광선에 두고, 물은 흙이 마르면 충분히 준다. 지나치게 건조하면 잎 끝이 갈색으로 변하므로 더운 여름철에는 젖은 천으로 잎을 닦거나 분무기로 물을 자주 뿌려 주면 좋다. 잎이 노랗게 변하는 것은 여름에 뿌리가 수분을 흡수하지 못해 나타나는 증상이므로 수분을 흡수하도록 물에 담가 둔다. 오래된 아랫잎을 잘라 주면 새 잎이 나온다.

테이블 야자

파키라

파키라

호리병처럼 생긴 줄기에 5~6개의 잎이 손바닥을 편 모양으로 달리며, 잎이 크고 시원해 보인다. 반그늘에서 키우고, 특히 줄기가 굵어 물을 많이 필요로 하지 않으므로 물은 겉흙이 바짝 마르면 충분히 준다. 그늘과 건조에 강한 편이나, 겨울에는 10℃ 이상을 유지하고 물 주는 횟수를 줄이며 잎에 자주 분무기로 물을 뿌려 공중 습도를 높여 준다.

셀렘(필로덴드론 종류)

잎이 두껍고 광택이 있으며, 가장자리가 파도 치는 것처럼 갈라져 있어 시원한 느낌을 주므로 인테리어 식물로 인기가 있다. 잎을 자르면 즙액이 나오는데 이것을 만지면 손이 따갑다. 고온 다습한 환경을 좋아하며 반음지식물이다. 직사광선에서는 잎이 누렇게 타 버린다. 수경재배가

셀렘

스노우 사파이어

잘되며, 번식은 줄기의 마디 부분을 잘라서 물이나 흙에 꽂는다.

스노우 사파이어(아글라오네마 종류)

영화 『레옹』의 주인공이 소중히 여겼던 반려 식물이다. 잎에 하얗게 눈이 내린 것처럼 보여 '스노우 화이트(Snow white)'라고 한다. 잎은 긴 타원형이고 잎자루는 두껍다. 고온다습한 환경을 좋아하는 반음지식물으로, 약한 빛에서도 잎무늬가 잘 나타나지만 강한 빛에서는 퇴색된다. 번식은 줄기꽂이나 포기나누기로 하며, 물에서도 잘 자라 수경재배가 좋다. 적정 생육온도는 20~28℃이며, 추위에 약해 겨울에도 13℃ 이상을 유지해야 한다. 줄기에는 독성이 있다.

가을

● 남천

가을에 어울리는 식물

한여름 폭염에 지친 뒤에 맞이하는 가을은 마음을 설레게 한다. 우리나라 가을 날씨는 전세계에서 손꼽을 정도로 좋아서 가을은 전국이 행락객으로 붐빈다. 바빠서 밖으로 나가지 못할 때, 굳이 산이나 들로 나가지 않아도 아름다운 단풍색이나 붉은 열매로 마음을 흥겹게 해 주는 식물이 있다. 붉은 잎을 가진 식물을 보면 마음이 밝아진다. 또 봄부터 정성 들여 키운 식물이 꽃을 피우고 열매를 맺으면 보는 것만으로도 마음이 풍요로워진다. 가을에 어울리는 식물로 남천·산호수·귤나무 등이 있다.

남천

봄에는 흰 꽃, 여름에는 푸른 잎, 가을에는 단풍, 겨울에는 빨간 열매로 사계절 변화된 모습을 보인다. 밑에서 줄기가 많이 올라와 포기를 형성한다. 가을에 열린 열매가 빨갛게 익어 이듬해 봄까지 볼 수 있다. 실내에서 키울 때는 온도가 높아 단풍이 들지 않는다. 가을철에 5~10℃에서 강한 빛을 받으면 단풍을 볼 수 있다. 반음지에서도 잘 자라므로 큰 나무 아래에서도 키울 수 있다.

벤쿠버 제라늄

잎이 단풍잎과 흡사하며 가운데 부분이 적갈색으로 물들고 가장자리는 연녹색이며 향이 있다. 햇빛을 많이 받을수록 잎의 색깔이 짙어진다. 해충이 잎에서 나는 향을 싫어하므로 방충 효과가 있다. 추위에 약해 10℃ 이상을 유지해야 한다. 직사광선~반직사광선에서 자란다. 과

벤쿠버 제라늄

습에서는 줄기가 물러 버리므로 흙이 바싹 마르면 준다. 번식은 줄기꽂이로 한다.

백량금

잎은 윤기가 있는 짙은 초록색이며 가장자리에 톱니와 주름이 있다. 6월에 작은 꽃이 올망졸망 피고, 9월에는 초록색 열매가 열려 점점 빨갛게 변하여 이듬해 봄까지 달려 있다. 반음지에서 잘 자라고, 습기와 추위에 강하다.

오렌지 재스민

상록 관목으로, 오렌지나무 잎을 닮아서 붙여진 이름이다. 잎이 작고 둥글며 윤기가 흐른다. 눈송이처럼 하얀 꽃이 모여 피고, 오렌지처럼

백량금

오렌지 재스민

상쾌하고 달콤한 향기가 난다. 봄~가을까지 꽃을 피우고, 꽃이 진 가을에는 초록색 열매가 생겨나 점점 빨갛게 변하는데 이듬해 봄까지 볼 수 있다. 물은 겉흙이 마르거나 위쪽 잎이 처져 있을 때 화분 밑까지 흐를 정도로 듬뿍 준다. 토양이 건조하면 잎이 처지고 윤기가 없어지고, 반대로 수분이 많으면 산소 공급이 줄어 뿌리가 잘 썩는다. 양지식물이므로 햇빛을 충분히 쬐면 이듬해 꽃이 잘 핀다. 햇빛이 적으면 마디 사이가 길어지며 웃자란다. 적정 생육온도는 밤 15℃, 낮 25~30℃로, 온도가 높아야 꽃이 잘 피고, 월동 온도는 10℃로 추위에 약한 편이다. 통풍이 제대로 되지 않으면 깍지벌레 · 응애 · 진딧물이 생기므로 환기에 신경 쓰고 수시로 잎 뒷면에 물을 뿌려 준다. 향기가 있는 식물에 벌레가 많이 생긴다. 웃자란 가지는 잘라 주고 봄과 가을에 한 번씩 가지치기를 해 주면 곁가지가 풍성해지고 원래 가지는 튼튼해진다.

겨울

포인세티아

추운 겨울에는 실내 분위기를 따뜻하고 경쾌하게 연출할 수 있는 식물을 고른다. 포인세티아나 크로톤은 잎의 색상이 빨강·노랑·분홍 등 다양하여 한 종류만 두어도 분위기를 좋게 하는 효과가 있다. 흰 눈을 생각나게 하는 흰색의 다이아몬드·백묘국 등이 어울린다.

포인세티아

크리스마스를 대표하는 식물로, 추위에 강한 것처럼 보이지만 따뜻한 멕시코가 원산지이다. 15~25℃의 실내에서 키우면 여러 해를 볼 수 있다. 봄~가을까지 잎이 초록색을 띠다가 해가 짧아지는 10월부터 12월까지 붉게 변한다. 낮보다 밤이 길어야 잎이 붉어지는 단일성 식물이라서, 형광등이 비치는 밝은 실내에서는 잎이 붉어지지 않는다. 한여름 직사광선에서는 잎이 타 들어갈 수 있으므로 오전에만 햇빛이 드는 곳에 둔다. 또한 추위에 약하여 5℃ 이하에서는 잎이 거의 떨어져 버린다. 싱싱한 포인세티아 고르기 셀로판지 등에 싸여 있을 경우 아래쪽 잎이 누렇거나 곰팡이가 없는지 확인한다. 줄기는 굵고 튼튼한 것을 고른다.

빛을 많이 볼 때 초록색이다.

빛이 줄어들면서 잎이 붉어진다.

빛이 줄어들면 빨갛게 변한다.

다이아몬드

블루버드

다이아몬드

흰 눈을 연상케 하는 작고 잔잔한 꽃이 흐드러져 핀다. 반양지에서 키우고, 물을 줄 때는 과습하지 않도록 주의한다. 지나치게 길게 자랐을 경우 꽃이 진 뒤에 식물 전체의 1/3만 남기고 잘라 주면 새로운 줄기가 나온다. 번식은 줄기꽂이로 한다. 줄기가 늘어진 형태로 자라므로 바구니 같은 걸이용 화분에 키우면 좋다.

블루버드

잎이 파랑새를 닮아 '블루버드(Blue bird)'라고 부른다. 은은한 청록색 잎은 서리가 내린 것처럼 보인다. 잎이 까칠까칠해 보이지만 손으로 만지면 의외로 부드럽다. 건조한 환경에서는 잎이 쉽게 마르므로 물을 자주 준다. 흙이 건조해지면 푸른 잎이 점점 하얗게 말라 간다. 반그늘에

율마

모양을 둥글게 정리한 율마

서 키운다.

윌마(율마)

밝은 연두색 로켓 모양으로 자란다. 잎을 만지거나 흔들면 상큼하고 기분 좋은 향이 나는 방향성 식물로, 향기를 내는 피톤치드 성분은 살균 작용을 한다. 잎이 작고 많아서 물을 좋아하는데, 흔히 말라 죽는 경우가 많다. 흙이 마르지 않도록 물을 충분히 주고, 잎에도 물을 자주 분무한다. 햇빛을 좋아하므로 직사광선이 닿는 곳에 두고 기른다. 햇빛이 부족하면 웃자라서 모양이 좋지 않은데, 이럴 때는 가지치기를 하여 모양을 만들어 준다.

사계절

제라늄

제라늄, 임파첸스 같은 식물은 일 년 내내 꽃이 피고 진다. 이러한 식물은 적어도 하루에 6시간 이상 햇빛이 드는 장소에 놓아두어야 한다. 단, 햇빛이 들어오는 쪽으로 기울어지므로 일주일마다 방향을 돌려놓는 것이 좋다. 꽃이 많이 피게 하고 오랫동안 보려면 인산과 칼리가 들어 있는 물 비료를 월 1~2회, 알비료는 3개월에 한 번씩 준다.

제라늄

꽃 피는 기간이 길고 꽃송이가 많으며 잎의 색상과 모양도 다양하여 유럽에서는 대표적으로 창가에 놓고 키우는 식물이다. 잎은 두껍고 털이 있으며, 만지면 특이한 냄새가 나서 벌레가 거의 없다. 꽃이 진 뒤에 줄기를 잘라 주면 곁가지가 나와 풍성해지고 꽃이 많이 핀다. 생육온도는 15~25℃이며, 추위에 약하여 10℃ 이하에서는 잎이 누렇게 변한다. 줄기가 굵어 수분을 저장하므로 물은 흙이 바짝 말랐을 때 주고 햇빛이 좋고 통풍이 잘되는 곳에서 키운다. 햇빛이 적으면 줄기가 길게 자라고, 습도가 높으면 회색 곰팡이가 생기므로 건조한 상태를 유지해야 한다. 장마철에 고온다습하면 썩기 쉽다. 번식은 줄기꽂이로 하며, 곁눈을 따 주면 포기가 풍성해진다.

임파첸스

홑꽃과 겹꽃이 일년 내내 피고, 진한 녹색 줄기는 굵고 윤기가 나며 가지가 많이 갈라진다. 적정 생육온도는 20~25℃이며, 반직사광선에서 통풍이 잘되고 시원한 곳에서 꽃이 많이 핀다. 비료는 봄과 가을에 주

임파첸스

삭소롬

1회 액체 비료를 준다. 곁눈을 따 주면 포기가 늘어나서 꽃이 많이 핀다. 번식은 줄기꽂이로 한다.

삭소롬(스트랩토카루프스 종류)

꽃은 트럼펫처럼 긴 관 모양으로 색상이 다양하고, 잎은 벨벳 같은 질감이다. 줄기가 길게 늘어지는 성질이 있어 공중걸이 화분에 걸어 두고 키우면 좋다. 적정 생육온도는 18~25℃이며, 30℃ 이상에서는 잎이 누렇게 변한다. 물은 겉흙이 마르면 주고 꽃과 잎에 닿지 않도록 주의한다. 잎이 두꺼워 건조에 강하고 과습에는 약하다. 인산과 칼리가 함유된 비료를 2주일에 한 번씩 주면 꽃을 오랫동안 볼 수 있다. 번식은 줄기꽂이로 하며 곁순을 따 주면 포기가 풍성해지고 꽃도 많이 핀다.

꽃베고니아

꽃베고니아

베고니아

꽃을 감상하는 꽃베고니아, 구근 베고니아, 잎을 관상하는 관엽 베고니아로 나눌 수 있다. 종류가 매우 많아 세계적으로 800여 종이 넘는 것으로 알려져 있다. 추위에 약하므로 겨울철에도 최소 10℃를 유지해 주어야 한다. 봄~가을까지는 실외에서 키우고, 늦가을에 실내에 들어오면 여러해살이로 키울 수 있다. 물은 흙이 바싹 말랐을 때 준다.

꽃베고니아 잎은 둥글고 광택이 난다. 잎 위로 작은 꽃송이가 다닥다닥 붙어서 피며, 빨간색, 분홍색, 흰색 등 색깔이 다양하다. 햇빛이 잘 들고 통풍이 잘되는 곳에서는 거의 일년 내내 작고 아담한 꽃이 핀다. 햇빛이 들어오는 창가에 두고 키워야 꽃 색깔이 예쁘고 모양도 좋다. 고온에 약하므로 특히 여름철 환기 관리에 유의하고, 지나치게 습하면 썩기

엘라티오르 베고니아

쉬우므로 장마철에는 약간 건조하게 키운다. 한여름 광선이 강하면 붉은 색소가 나와 잎의 색상과 꽃의 색상이 더 짙어진다. 그러나 흰색 꽃은 변화가 없다. 번식은 줄기꽂이, 포기나누기로 한다.

엘라티오르 베고니아 겹꽃이 흰색·노란색·빨간색 등으로 다양하고, 모양이 장미꽃처럼 생겨 '장미 베고니아'라고도 한다. 줄기가 굵어 물을 자주 주면 줄기가 물러 버리므로 흙이 바짝 말랐을 때 충분히 준다. 적정 생육온도는 20~25℃이다. 반직사광선을 좋아하고 고온다습한 환경에 약하므로 여름에는 시원한 반그늘에 두고 통풍에 신경 쓴다. 시든 꽃은 빨리 따 주고 꽃이 모두 시든 뒤에 윗부분을 자르면 곁가지가 나와 다시 꽃이 핀다. 비료를 주면 2~3개월 뒤에 포기 전체가 풍성해지고 다시 꽃이 핀다. 번식은 줄기꽂이로 한다.

〈 잎 모양이 아름다운 베고니아 〉

나이트 아이스 / 로스 팜 / 리버 나일
모리스 아미 / 미스 루이지애나 / 부머
셔틀리브스 / 스타리 나이트 / 스테인드 글라스
실버 퀸 / 심플 사이먼 / 어텀 앰버
오 노 / 퀸 다이아몬드 / 탬버린

사계절 꽃이 피는 식물 관리하기

물주기

질소질 비료와 물을 많이 주면 잎만 무성해진다. 꽃이 피게 하려면 인산 칼리 비료를 주고 잎을 몇 장 따 준다. 이렇게 하면 꽃이 많이 피고 통풍도 잘되어 벌레가 쉽게 생기지 않는다. 약간 건조하게 키우면 꽃이 잘 핀다.

햇빛

▶ 햇빛을 많이 보면 꽃의 색깔이 진해지고, 햇빛이 적으면 꽃의 색깔이 옅어진다.

▶ 꽃이 피기 전에 충분한 햇빛을 받으면 꽃대가 많이 올라오고, 꽃이 핀 뒤에는 반그늘에 놓으면 꽃이 오래 간다.

▶ 햇빛이 적고 온도가 낮을 때는 비료를 적게 주고, 햇빛이 많고 온도가 높을 때는 비료를 많이 준다.

▶ 꽃을 많이 피는 식물은 비료를 많이 주고, 잎을 보는 식물은 비료를 적게 준다.

관리법 포인트

▶ 시든 꽃은 즉시 따 버린다.

▶ 물을 줄 때는 꽃에 물이 닿지 않도록 한다.

▶ 곁순과 가지를 잘라 주면 포기가 풍성해진다.

꽃이 피지 않는 원인

▶ 물을 많이 주어서 잎이 무성한 경우

▶ 영양이 부족할 때

▶ 식물에 비해 화분이 클 때

▶ 통풍이 제대로 되지 않을 때

Part 4

이럴 때, 어떤 식물이 좋을까요?

새집으로 이사했어요

새로 지은 집의 벽지나 페인트, 가구 등에서 포름알데히드나 벤젠 등의 발암성 유해 물질이 배출될 수 있다. 유해 물질은 합성 건축재를 많이 사용한 집일수록 많이 나오는데, 한번 몸속에 들어온 유해 물질은 3년이 지나야 없어진다고 한다. 식물의 잎과 뿌리 부근의 미생물은 유해 물질을 흡수하여 분해한다. 실내 공간 10평당 1평 분량의 식물이 있어야 효과가 있다. 잎이 많으면 산소가 많아진다.

실내공기오염 다양한 실내 공간(주택, 학교, 사무실, 병원, 공공건물, 지하시설물, 교통수단)의 공기 오염. 도시 현대인들은 대부분(90% 정도) 실내에서 생활하며, 여성 · 소아 · 노약자가 더 큰 영향을 받는다.

〈 공기 오염 물질을 제거하는 식물 〉

공기 오염 물질	공기 오염 물질을 제거하는 식물
포름알데히드	국화, 산세베리아, 스킨답서스, 접란, 필로덴드론, 행운목(드라세나 맛상게아나)
벤젠	거베라, 국화, 드라세나 마지나타, 드라세나 와네키, 스파티필름, 아이비
이산화탄소	관음죽, 스파티필름, 파키라
암모니아	관음죽, 스파티필름, 파키라

마리안느(디펜바키아 종류)

잎이 혓바닥처럼 생겨서 '텅 플랜츠(Tongue Plants)'라고도 한다. 잎이 크고 넓어 관상 가치가 높고, 공기 정화, 습도 조절 기능이 뛰어나다. 온도와 습도가 높아야 잘 자란다. 약광선에서도 잘 견디지만 어두운 실내에 오래 두면 웃자라서 모양이 흐트러지고 잎자루가 길어진다. 건조한 환경에서는 잎이 마르고 약해지므로 봄~가을에는 흙이 마르면 충분히 물을 준다. 추위에 약하므로 15~16℃ 정도의 온도를 유지한다. 겨울에는 물주기를 좀 더디게 하고, 약간 건조하게 관리한다. 날이 추워지면 잎이 떨어지는 현상이 생기기도 한다. 줄기를 잘랐을 때 나오는 즙에 독성이 있어 피부에 닿으면 가렵고 빨갛게 부어 오르므로 주의한다.

마리안느

마지나타(드라세나 종류)

곧은 회백색 줄기 끝에 얇고 긴 잎이 펼쳐지며 늘어지는 모양이 독특하여 플랜테리어 식물로 인기 있다. 물은 흙이 마르면 충분히 주되, 여름에는 하루에 한 번 주고, 습도가 높은 환경에서 잘 자라므로 잎에 자주 분무해 준다. 여름에 빛이 너무 강하면 잎에 윤기가 없어지기도 하므로 반직사광선에 두고 기른다. 추위에 약해서 겨울에는 최저 온도 10℃ 이상에 두고 흙이 완전히 마르지 않을 정도로만 물을 준다.

아라우카리아

삼나무 비슷한 형태가 아름답고 잎의 색상도 밝은 녹색이다. 크리스마스 시즌에 트리로도 이용된다. 햇빛을 좋아하지만, 어린 나무는 음지에서도 잘 견디므로 초보자도 쉽게 관리할 수 있다. 포름알데히드를 제거

마지나타

아라우카리아

하여 실내 공기를 정화하는 효과가 있다. 물은 흙이 말랐을 때 한 번 충분히 준다. 여름철에는 반직사광선에 두고, 추위에 비교적 강하므로 겨울에는 온도를 5℃ 정도로 유지하며 물을 더디 준다. 고온 건조하면 잎이 떨어져 버리므로, 겨울철 건조한 집 안에서는 잎에 물을 자주 분무한다. 통풍이 원활해야 잘 자라므로 창문을 열어 자주 환기한다.

스파티필름

다소 특이하게 생긴 흰 꽃은 사실 꽃이 아니라 잎이 변해서 된 불염포이다. 실제 꽃은 막대기처럼 뿌죽 올라온 것이다. 반직사광선이나 약광선에서도 잘 자라며, 약한 빛만 있어도 일 년 내내 꽃이 피므로 사계절 내내 감상할 수 있다. 물은 흙이 습하도록 충분히 준다. 적절한 생육온도는 20~25℃이며, 겨울에는 최저 13℃ 이상을 유지해 준다.

스파티필름

식물의 공기 정화 능력

식물은 흙 속의 미생물과의 상호작용, 증산작용, 광합성작용을 통하여 집 안의 오염 물질을 줄여 준다. 오염 물질은 식물의 잎으로 흡수되어 일부는 사라지고 나머지 일부는 뿌리로 내려가 흙 속 미생물의 영양분으로 이용된다. 포름알데히드의 경우, 잎의 많은 미세한 공기 구멍을 통하여 흡수된 뒤 이산화탄소 등으로 바뀌고 광합성 과정을 거치면서 유해 성분이 제거된다. 식물이 숨을 쉬는 과정에서 잎의 수분이 감소하면 줄기와 뿌리의 물을 흡수하는데, 이러한 과정에서 공기 중의 오염 물질이 흙에 달라붙고 미생물에 의해 분해된다. 잎의 증산작용을 통해 실내 온도와 습도가 조절되며, 산소를 내뿜어 실내 환경이 쾌적해진다. 햇빛을 많이 받을수록 광합성이 잘되어 오염 물질 정화도 잘된다.

공기 비타민(음이온) 식물의 기능

비타민이 인간에게 필수적이듯 음이온을 방출하는 식물은 공기 비타민이라 할 수 있다. 공기 비타민 역할을 하는 식물의 기능을 알아보자.

1 공기 중에는 양이온과 음이온이 있다. 양이온은 오염물질이나 미세먼지 등 공기가 좋지 않은 도시나 환기가 제대로 되지 않는 실내 공기에 많이 들어 있다. 반면 음이온은 폭포, 계곡의 물가, 분수 등과 같이 물 분자가 움직이는 곳, 식물의 광합성과 증산작용이 활발한 삼림에 많이 존재한다.

2 음이온이 증가하면 불면증이 감소하고, 신진대사가 촉진되며 자율 신경이 진정된다. 또한 혈액 정화, 세포 기능 활성화에 도움이 된다.

3 컴퓨터 · 전자레인지 · 에어컨 · 냉장고 등의 전자기기를 많이 사용하는 실내에서는 양이온이 음이온의 1.5배에 달하기도 한다. 담배 연기가 많은 곳이나 신축 건물에서도 양이온이 많이 발생한다.

4 식물이 기공을 통해서 수분을 내뿜을 때 음이온이 발생한다. 즉 광합성작용을 할 때 증산작용이 활발해져서 음이온이 많이 발생한다. 이 때문에 식물 수가 많을수록 상대 습도가 높아지고 음이온이 증가한다. 음이온이 많이 발생하는 식물로 산세베리아 · 스파티필름 · 관음죽 · 팔손이 등이 있다.

〈 식물이 실내 오염 물질을 제거한다 〉

1 식물 잎 뒷면에 있는 기공(잎의 미세한 구멍)을 통해 공기 중에 있는 오염 물질을 흡수한다.

2 뿌리로 흡수된 물이 기공을 통해 밖으로 배출되는 것을 '증산작용'이라고 한다. 이때 방출되는 음이온은 상당수의 오염 물질(양이온)과 반응하여 오염 물질을 중화하고 제거한다.

3 증산작용에 의해 일어나는 대류는 오염 물질을 토양으로 운반한다.

4 뿌리는 토양 미생물이 잘 번식하고 유지될 수 있도록 다양한 영양분을 제공한다.

5 뿌리 주위에 있는 토양 미생물은 오염 물질을 미생물이나 식물체가 사용할 수 있는 무기물로 분해한다.

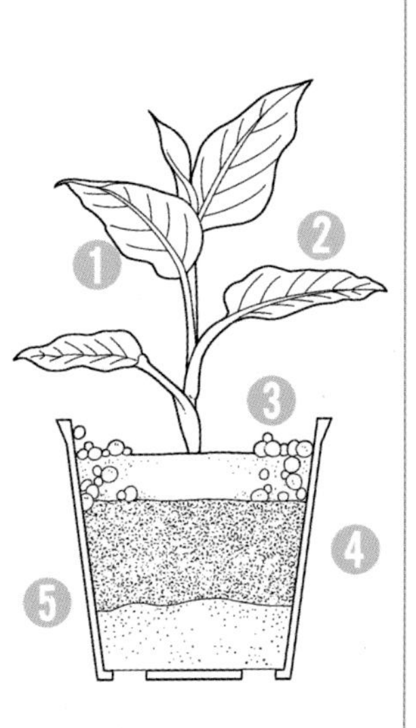

출처 『실내 식물이 사람을 살린다』

침실

● 호접란

침실에 어울리는 식물

대부분의 식물은 낮에는 광합성작용으로 이산화탄소(CO_2)를 흡수하고, 산소(O_2)를 내뿜는다. 그런데 선인장이나 다육식물은 밤에는 이산화탄소를 흡수하고, 산소를 내뿜는다. 선인장의 경우 낮에 햇빛을 받게 되면 기공을 닫아서 광합성작용을 거의 하지 않고 밤에는 기공을 열어서 광합성작용을 하여 산소를 내뿜는다.

도움이 되는 식물 호접란 · 다육식물 · 선인장 등이 적합하다.

호접란 꽃 모양이 나비 날개를 닮아 '호접란(胡蝶蘭)'이라고 한다. 선물용으로 가장 많이 쓰이는 착생란으로, 꽃은 11월부터 이듬해 3월까지 핀다. 생육온도는 25~30℃이며, 반직사광선에서 자라고 겨울에는 햇빛이 필요하며 통풍이 잘되어야 한다. 꽃이 시든 뒤에 꽃대를 자르고 월 2회 복합비료를 주면 다시 꽃대가 올라온다.

〈 침실에 두면 좋은 식물 〉

호접란

동미인, 진주목걸이(다육식물)

게발선인장

거실

● 네프로네피스

거실에 어울리는 식물

가족의 활동량이 많은 거실에는 포름알데히드나 벤젠 등이 발생할 수 있다. 식물은 이러한 유해 물질을 정화하여 거실 환경을 쾌적하게 만든다.

도움이 되는 식물 빛이 많지 않아도 잘 자라는 보스톤고사리(네프로네피스)·드라세나·아레카 야자·인도고무나무 등이 적합하다.

보스톤고사리 뿌리에서 여러 갈래로 나는 잎이 자라면서 휘어져 늘어지며 풍성한 느낌이다. 잎 색이 연하고 부드러우며 상쾌한 느낌을 준다. 공기 정화 효과가 뛰어나다. 밝은 곳에서 기르되, 직사광선은 피하고, 여름엔 실외 그늘에 둔다. 고사리과 식물은 흙이 습할 정도로 습도를 유지해 준다. 잎이 말랐을 때 물만 주면 뿌리가 상하므로, 공중 습도를 높여 주어야 한다. 건조한 겨울철에는 공중 습도가 60% 이상 되어야 잎 끝이 마르지 않으므로 물을 자주 분무해 준다.

〈 거실에 두면 좋은 식물 〉

보스톤고사리

인도고무나무

레드에이지(드라세나 종류)

서재

로즈마리

서재에 어울리는 식물

책을 읽고 공부를 하는 공간인 서재에는 학습 능력을 향상시키고 기억력을 강화하는 효과가 있는 식물을 두면 좋다. 더불어 컴퓨터나 각종 전자 제품의 전자파를 줄여 주는 음이온 식물을 배치하면 공간을 쾌적하게 유지할 수 있다.

도움이 되는 식물 로즈마리 · 파키라 · 필로덴드론 등이 대표적이다.

로즈마리 원산지에서는 길이가 1~2m 정도 자라는 여러해살이 상록관목이다. 개화기는 2~6월로, 꽃잎은 청자색이며 연분홍과 흰색도 있다. 꽃이나 잎을 조금만 건드려도 짙은 향기를 풍긴다. 강하면서도 상큼한 로즈마리 향은 두뇌 활동력을 높이고 기억력과 집중력을 좋게 한다. 로즈마리는 햇빛이 충분하고 바람이 잘 통해야 잘 자란다. 과습을 싫어하므로 약간 건조하게 키운다.

〈 서재에 두면 좋은 식물 〉

로즈마리

파키라

콩고(필로덴드론 종류)

주방

● 산호수

주방에 어울리는 식물

요리를 하는 주방에서는 가스 사용 등으로 발생하는 일산화탄소를 제거해 주는 식물을 배치하여 탁해진 공기를 정화할 수 있다.
도움이 되는 식물 아펠란드라·산호수·스킨답서스·아이비 등이 적합하다.

산호수 상록 소관목이며 대표적인 공기 정화 식물로, 잎이 두껍고 광택이 난다. 6월경에 흰 꽃이 피고, 9월부터 초록색 열매가 점점 빨갛게 익기 시작하여 이듬해 여름철까지 달려 있다. 반직사광선이나 밝은 장소에 두되, 여름철 직사광선은 피한다. 습윤한 곳에서 키우는 반음지식물이다.

〈 주방에 두면 좋은 식물 〉

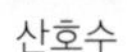
산호수

스킨답서스

러브아이비

욕실

● 스파티필름. 내용은 p.87 참고

욕실에 어울리는 식물

악취를 제거하여 상쾌한 공간으로 만들어 주는 정화 능력이 뛰어난 식물이 어울린다. 또한 빛이 들지 않고 매우 습한 공간이므로 습기에 강하면서 빛이 부족한 상태에서도 잘 자라는 식물을 선택한다.

도움이 되는 식물 암모니아 등 냄새와 가스를 제거하는 스파티필름·관음죽·싱고니움·안스리움·테이블 야자 등이 적합하다.

안스리움 플라스틱 같은 질감의 독특한 꽃은 사실 꽃이 아니라 불염포이다. 안스리움의 불염포는 색이 화려하고 광택이 나며, 불염포 가운데 뿌죽 올라와 도깨비방망이처럼 생긴 것이 진짜 꽃이다. 반직사광선이나 약광선에서도 잘 자란다. 뿌리가 굵으므로, 물은 흙이 겉흙이 마르면 준다. 적정 생육온도는 20~25℃이며, 겨울에는 최저 13℃ 이상을 유지해 준다.

〈 욕실에 두면 좋은 식물 〉

관음죽

안스리움

싱고니움

발코니

국화

발코니에 어울리는 식물

발코니는 외부 공기가 유입되기 때문에 미세 먼지나 분진 등으로 오염된 외부 공기가 실내로 진입하는 것을 줄여 줄 수 있는 식물이 적합하다.

도움이 되는 식물 국화 · 시클라멘 · 꽃베고니아 · 허브류가 어울린다.

국화 꽃은 물론 식물 전체에서 진한 향기가 진하게 난다. 원래 가을에 꽃이 피지만 요즘은 개화 시기를 조절하여 재배하여 일 년 내내 화분에 담긴 국화 꽃을 볼 수 있다. 노지에서 겨울을 날 수 있는 숙근초로, 식물의 지상부는 말라 죽어도 뿌리가 살아남아 이듬해에 새순이 돋고 꽃이 핀다. 햇빛을 좋아하며, 물은 충분히 준다. 적정 생육온도는 16~18℃이며, 최저 온도는 5℃이다.

〈 발코니에 두면 좋은 식물 〉

시클라멘

꽃베고니아

라벤더(허브류)

덴드로비움

'덴드로비움'은 라틴어 'Dendoron(수목)'과 'Bius(살다)'에서 유래된 말로, 나무의 가지나 줄기에 뿌리를 내리고 살고 있다는 의미이다. 대나무처럼 줄기가 굵고 마디가 있다. 고온다습한 환경을 좋아한다. 적정 생육온도는 18℃ 정도지만, 저온에도 강하여 영하 5℃에서도 월동이 가능하다. 9~3월에는 햇빛을 충분히 받게 하고, 그 밖의 계절에는 직사광선을 피한다.

심비디움

축하 선물로 흔히 이용되는 난이다. 한 대에 많은 꽃송이가 붙어 흰색·

덴드로비움

심비디움

노란색·연두색 등 다양한 색깔로 핀다. 1~3월에 피어 2~3개월 지속된다. 적정 생육온도는 20~25℃이며, 겨울철 최저 온도는 10℃를 유지한다. 포기나누기로 번식한다. 건조한 환경에서는 응애와 깍지벌레가 생긴다.

아글라오네마

녹색·은백색·붉은색이 어우러진 독특한 색감의 넓고 큰 잎이 특징이며, 따뜻하고 습한 환경에서 잘 자란다. 봄부터 가을까지는 흙이 마르지 않도록 물을 자주 주고, 겨울에는 약간 건조하게 관리하되, 잎에 자주 분무하여 공중 습도를 높인다. 빛이 강하면 퇴색하고 축 늘어지므로 반직사광선에서 기른다. 겨울에는 13℃ 이상을 유지한다. 물에서도 잘 자라므로 수경재배로도 많이 이용한다.

스노우 사파이어(위), 지리홍(아래) 시암 오로라(위), 엔젤(아래)

보스톤고사리(네프로네피스)

뿌리에서 잎이 여러 갈래로 난다. 잎이 자라면서 휘어져 늘어지므로 실내 공중에 걸어 두면 풍성하고 상쾌한 느낌을 준다. 잎 색이 연하고 부드러우며 다른 식물과 잘 어울려 활용도가 높다. 직사광선이 없는 밝은 곳에서 기르고, 여름엔 실외 그늘에 둔다. 고사리과 식물은 건조에 약하므로 흙이 습할 정도로 유지해 준다. 공중 습도는 60% 이상이 되어야 잎 끝이 마르지 않고 잘 자라므로 물을 자주 분무해 준다.

팔손이

광택이 나는 진녹색이 잎이 손바닥 모양으로 8개로 갈라진다. 흰색 꽃이 11월에 피고, 이듬해 5월에 열매가 검게 익는다. 음지와 추위에 강하다. 반직사광선에서 잘 자라며, 겨울철에 5℃ 이상을 유지해 준다.

네프로네피스

팔손이

벤자민 고무나무

잎이 풍성하고 윤기가 나며, 늘어지는 가지가 이채롭고, 공기 정화 효가가 있어 선물로 인기 있다. 뱅갈 고무나무, 크루시아 고무나무도 공기 정화 효과가 크다. 반음지식물이며, 16~25℃ 정도의 습한 환경에서 잘 자란다. 겨울철에는 10℃ 이상을 유지하고, 물 주는 횟수를 줄이되 자주 분무해 준다. 그늘진 곳에 오래 두지 말고, 모양이 흐트러질 정도로 우거지면 통풍이 잘되도록 가지치기를 한다. 겨울에 실내에서 키우다가 봄에 햇빛이 강한 실외로 옮기면 잎이 타 버리므로 먼저 야외의 햇빛이 적은 곳에 놓았다가 10일이 지난 뒤 반그늘로 옮긴다. 겨울에 실내가 건조하고 통풍이 제대로 안 되면 깍지벌레가 생겨 잎이 끈적해진다.

이 밖에 공기 정화 효과가 큰 식물로 산세베리아·아레카 야자가 있다.

벤자민 고무나무 뱅갈 고무나무(위), 크루시아 고무나무(아래)

집 안이 건조해요

집 안이 건조하면 대기 중의 바이러스, 먼지, 알레르기를 일으키는 물질 등이 민감한 코와 목을 자극한다. 실내 면적의 5~10% 식물을 배치하면 습도를 20~30% 높일 수 있다. 키가 큰 아레카 야자는 증산작용으로 하루에 1리터의 수분을 내뿜는다. 잎이 작은 식물보다는 큰 식물이 많은 양의 수분을 배출한다. 대표적인 식물로 관음죽 · 아레카 야자 · 홍콩야자(쉐플레라) · 알로카시아가 있다.

관음죽

부채 모양의 잎이 4～10개 정도로 갈라지는데, 두껍고 단단하며 윤기가 난다. 건조한 환경에서는 잎이 갈색으로 변하고, 응애가 쉽게 생긴다. 잎이 누렇게 변하는 이유 중 하나는 염분이 잎 끝에 축적되어 있기 때문이다. 매월 한 번씩 비료를 주는 것이 좋다. 음지에 강한 식물로, 적정 온도는 16～21℃이다. 그늘에서도 잘 자라고 관리가 쉬워 가정에서 기르기 쉬운 식물이다. 수분을 넉넉하게 공급해 주고, 한 달에 한 번 정도 묽은 액체 비료를 주기만 하면 된다. 휘발성 화학물질을 제거하는 효과고 크다.

아레카 야자

'천연 가습기'라는 별명이 있을 정도로 수분 방출량이 많은 식물이다.

키가 약 1.8m 정도 되는 아레카 야자를 실내에 놓아두고 실험한 결과, 증산작용으로 24시간 동안 약 1ℓ의 수분을 공기 중으로 방출했다는 연구 결과가 있다. 수경재배가 잘되고, 키우기도 편하며 병해충에도 매우 강해서 초보자도 쉽게 관리할 수 있지만, 실내가 지나치게 건조하면 병해충이 발생하며, 잎 끝이 황갈색으로 변한다. 아레카 야자는 몸체에 염분이 생기면 특정 가지로 보내 그곳에 모두 축적하는 독특한 특성이 있다. 그 부분이 포화 상태가 되면 가지가 말라 죽으므로, 마른 잎이 생기면 빨리 잘라 내는 것이 좋다. 또한 아레카 야자는 실내에 존재하는 모든 종류의 휘발성 유해 물질을 제거하는 공기 정화 효과도 매우 뛰어나다.

관음죽

아레카 야자

알로카시아

잎은 짙은 녹색으로 광택이 나고 굵고 하얀 잎맥이 선명하게 나 있으며, 무늬와 모양이 다양하다. 실내에서는 밝은 곳이나 반직사광선에 두고 기른다. 물은 화분의 겉흙이 말랐을 때 충분히 주고, 잎에 자주 분무해 준다. 겨울에는 따뜻한 실내로 옮겨 두고 물 주는 횟수를 줄여 약간 건조하게 관리하다. 잎을 자주 닦고 분무기로 물을 자주 뿜어 주면 성장에도 좋고 건조할 때 생기는 응애의 발생도 막을 수 있다. 추위에 약하므로 최저 온도 10℃를 유지한다. 잎에서 떨어진 물은 독성이 있어 나무 바닥재에는 얼룩이 생긴다.

홍콩야자(쉐플레라)

긴 줄기의 끝부분에 윤기가 있는 잎이 6~15개 정도 방사상 모양으

알로카시아

홍콩야자

로 나온다. 잎이 마치 우산 모양과 같아 속명으로 '엄브렐라 플랜트(umbrella plant)'라고 불린다. 인도네시아에서는 잎이 7장 나오면 행운을 가져다 준다고 생각한다. 너무 크게 자라면 줄기 마디 부분을 잘라주어 작게 키운다. 약한 광선에서도 잘 자라며 적온은 18~24℃이다. 실내가 건조하면 응애나 깍지벌레가 생기기 쉬우므로 환기를 자주 해 준다. 수경재배도 가능하다.

이 밖에 벤자민고무나무도 증산작용이 활발하다.

우리 집에 벌레가 많아요

하루살이나 모기가 많을 때 벌레잡이 식물을 키우면 벌레도 잡고 꽃도 볼 수 있으며 특이한 형태의 잎도 감상할 수 있다. 누리장나무·오동나무·은행나무의 잎을 찢어 구석구석 두면 벌레가 오지 않는다.

벌레잡이제비꽃

긴 타원형 잎이 뿌리에서 뭉쳐 나와 퍼진다. 잎 뒷면의 털에서 분비되는 점액에 벌레가 붙어 죽는다. 잎 사이에서 1~4개의 꽃줄기가 생겨나 꽃이 핀다. 제비꽃 모양의 꽃은 진분홍색이다.

네펜데스

'벌레잡이통풀'이라고도 한다. 고온다습한 환경을 좋아한다. 적정 생육 온도는 20~35℃이고 최저 온도는 15℃이다. 분무기로 물을 자주 뿌려서 공중 습도를 70% 이상 유지해 주어야 한다. 반직사광선에서 자라고, 한여름 직사광선에서는 잎이 탄다. 줄기꽂이로 번식한다.

사라세니아 푸푸레아

줄기 없이 잎은 뿌리에서 뭉쳐 나온다. 뚜껑 열린 나팔 모양의 잎 안쪽에 잔털이 있고 액체가 담겨 있는데 여기에 곤충이 빠지면 헤어 나올 수 없다. 자주색 꽃이 피며, 공 모양의 열매 속에 씨가 많이 들어 있다.

파리지옥

뿌리에서 뭉쳐 나오는 잎은 쌍조가비 형태이며 가장자리에 가느다란 돌기가 일렬로 돋아난다. 잎 안쪽에는 비늘 모양의 감각모가 각 3개씩 총 6개가 있다. 여기에 곤충이 닿으면 빠르게 잎이 오므라들어 잡는다. 5~7월에 흰색 꽃이 피고, 5~35℃에서 자라며, 포기나누기로 번식한다.

벌레잡이제비꽃(위), 네펜데스(위)

사라세니아 푸푸레아(위), 파리지옥(아래)

요리에 풍미를 더하고 싶어요

허브를 키우면 집에서 요리할 때마다 조금씩 사용할 수 있어 매우 유용하다. 허브를 키울 때는 반드시 햇빛이 잘 들고, 바람도 잘 통하는 곳에서 키운다.

로즈마리

가장 흔히 볼 수 있는 허브로, 식물 전체에서 독특한 향기를 풍긴다. 자생지에서는 2m가 넘는 크기까지 자라며, 연하늘색·연보라색·연분홍색·흰색 꽃을 피운다. 말린 것이나 생잎을 뜨거운 물에 우려내어 차로 마시며, 정유 성분은 화장품이나 비누의 방향제의 원료로 이용된다. 스테이크를 하기 전에 고기에 올리브 오일과 로즈마리를 함께 재워 두면 누린 냄새를 제거해 주는 효과가 있다. 로즈마리는 과습을 싫어하므로 약간 건조하게 키운다.

민트

상쾌한 향기를 가지고 있어서 고기·조개·파스타·수프 등 다양한 요리에 활용할 수 있다. 또한 페퍼민트를 우유와 섞어 마시면 피로 해소, 신경 안정 효과가 있으며, 감기나 치통을 개선하는 데도 도움이 된다. 민트는 꽃 피기 직전에 향기가 가장 강하므로, 그때 잘라서 통풍이 잘 되는 그늘에서 말려 두면 오랫동안 사용할 수 있다.

바질

『동의보감』에 '나륵(羅勒)'이라는 한약재로 기록되어 있는 허브로, 달콤하고 톡 쏘는 맛이 고기나 생선 요리에 어울린다. 특히 토마토나 마늘과 잘 어울려 다양한 이탈리안 요리에 이용된다. 말린 꽃이나 싱싱한 꽃을 뜨거운 물에 넣어 우려내어 차로 마신다. 바질은 물이 부족하면 잎이 축 늘어지므로 물 관리에 신경 써야 한다. 여름에 작은 흰색 꽃이 피면 꽃과 곁눈을 따 주어야 잎이 부드럽고 무성하게 자란다.

한련화

비타민 C와 철분이 풍부하며, 잎과 꽃을 비빔밥·샐러드·샌드위치 등에 쓴다. 햇빛을 많이 받을수록 꽃이 많다. 한여름에 야외에서는 직사광선을 피하고, 늦가을에 실내로 옮겨오면 여러해살이로 키울 수 있다.

로즈마리(위), 바질(아래)　　민트(위), 한련화(아래)

우리 집에는 햇빛이 적게 들어요

햇빛이 비치는 정도에 따른 식물 선택은 매우 중요하다. 우리 집 일조량 환경에 맞추어 잘 자라는 식물 종류를 알아 두면 오래도록 키울 수 있다.

햇빛이 비치는 시간	특징	종류
하루에 2~3시간 이상	음지에 강한 식물	스킨답서스, 싱고니움, 행운목
하루에 6시간 이상	양지식물	꽃 피는 식물, 허브, 다육식물

햇빛이 적은 곳에서 꽃 대신 키울 수 있는 관엽식물

햇빛이 적으면 식물이 꽃을 피우기가 어렵다. 잎이 화려하고 특색 있는 관엽식물을 꽃 대신 키움으로써 생기 있는 분위기를 만들 수 있다.

지리홍(아글라오네마 종류)

분홍색이나 붉은색을 띠는 잎이 아름답고 독특하다. 새로 나오는 잎은 연분홍색으로 동그랗게 말려서 나오는데, 점차 붉어지면서 다양한 색을 띤다. 적정 생육온도는 20~25℃, 통풍이 잘되는 반그늘에서 잘 자란다. 한여름에는 직사광선을 피하여 관리한다.

마리안느(디펜바키아 종류)

초록색 무늬가 선명한 넓은 잎에 광택이 있다. 줄기가 굵어 건조에 강하며, 과습하면 줄기가 썩지만, 물이 부족하면 잎이 약간 처진다. 반그늘에서 잘 자라며, 강한 햇빛에 잎이 탄다. 최저 생육온도는 10℃이다.

크로톤

잎의 모양과 색상, 크기가 다양하고 화려하다. 잎이 도톰하고 무늬가 뚜렷하며, 색상은 빨강·노랑·주황 등이 어우러져 있다. 햇빛의 양에 따라 색이 더욱 색이 선명해지거나 열어지거나 한다. 초록색 잎에 노란 점이 박혀 있는 크로톤은 시중에서 '별똥별 크로톤'이라고 부른다.

마리안느(위), 지리홍(아래) 크로톤(위), 별똥별 크로톤(아래)

쉽게 키우고 싶어요 - 다육식물

쉽게 키우는 식물의 조건은 물을 자주 주지 않아도 잘 자라며, 실내 건조에 강해 크게 신경 쓰지 않아도 되는 것으로, 잎이 두껍고, 줄기가 굵은 다육식물이 알맞다. 다육식물은 사막에서 생존하기 위해 잎과 줄기가 다육화된 것으로, 저수 조직(貯水組織)이 발달하여 건조에 강하다. 수분 흡수가 어려운 환경에서 몸속에 저장한 수분이 빠져 나가지 않도록 잎에 있는 기공이 작아져서 잎 표면이 단단하다. 건기에 말라 죽은 것 같은 휴면 상태이다가 비를 맞으면 살아나 새싹이 나와 생장한다. 줄기와 잎의 형태와 색이 다양하고 특이하며, 꽃도 아름다운 것이 많다. 낮에는 기공을 닫아 대기에서 이산화탄소를 적게 받아들이고, 밤에는 기공을 열어 산소를 많이 배출하므로 침실에 두면 좋다.

다육식물 관리하기

물주기 물을 많이 주면 뿌리가 썩거나 웃자라므로 화분 흙이 마른 뒤 1~2일 지나서 주는 것이 안전하다. 여름에는 잎에 물이 닿지 않도록 주의하며 토양에 직접 준다.

광선 봄·가을·겨울에는 직사광선, 여름에는 반직사광선에서 키운다.

〈 다육식물의 번식 〉

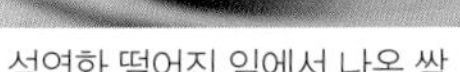
석연화 떨어진 잎에서 나온 싹

흙 위에 놓으면 뿌리를 내린다.

통풍이 나쁘면 잎이 물러 버린다.

온도 적정 온도는 10~25℃이며 일교차가 클수록 잎의 색이 아름답게 변한다. 잎이 두툼하고 하얀 가루가 있는 종류는 추위에 강하고, 잎이 얇고 투명한 것은 추위에 약하다.

흙 마사토와 배양토를 1:1 비율로 섞어서 배수가 잘되고 통기성이 좋게 한다. 다육식물의 뿌리는 산성 물질을 분비하므로, 펄라이트·석회·숯 등을 섞어 토양의 산성화를 방지한다.

통풍 병해충 방지를 위해 자주 환기해 준다. 잎이 켜켜이 층을 이루는 종류는 통풍이 좋지 않으면 잎이 물러 버린다.

번식 포기나누기, 잎꽂이로 한다. 번식력이 강하여 잎 한 장을 흙 위에 놓아두기만 해도 뿌리를 내려 하나의 개체를 만든다.

석연화 물꽂이

다육식물을 심은 다양한 용기와 연출

작은 나무 상자에 심은 까라솔

접시에 심은 십자성

작은 옹기에 심은 거미줄바위솔

계란 껍질에 심은 취설송

재활용 컵에 심은 염좌

와인 잔에 심은 월토이

흔히 볼 수 있는 다육식물

칼란코에

실내에서 키우는 꽃 식물로 인기가 많다. 잎이 두껍고 수분이 많으며, 개화한 뒤 지속 기간이 길어 '불로초'라고도 불린다. 늦겨울에서 초봄까지 잎 사이에서 꽃대가 올라와, 하양·빨강·주황·노랑·분홍 등 별 모양의 작은 꽃이 무리 지어 핀다. 홑꽃보다 겹꽃이 오래 간다. 꽃이 진 것은 즉시 따 주어야 다른 봉오리의 꽃이 잘 핀다.

물주기 잎이 두꺼우므로 흙이 말랐을 때만 가끔 준다. 과습하면 뿌리가 썩으므로 많이 주지 않는다.

햇빛 직사광선과 반직사광선을 좋아하므로 햇빛이 잘 드는 실내 창가에서 키운다. 빛이 강한 쪽으로 굽는 현상이 심하므로 화분을 자주 돌려 주어야 꽃대가 한쪽으로 기울지 않는다.

온도 적정 온도는 15~20℃이며 최저 온도는 5℃ 이다. 단일성 식물이므로 하루에 빛을 12시간 이하로 짧게 받아야 꽃대가 올라온다.

통풍 여름 장마철에 환기가 잘 안 되면 물러 버리므로 자주 환기한다.

햇빛을 향해 뻗은 칼란코에(위), 화원에 진열된 칼란코에(가운데), 칼란코에 종류인 천손초 싹(아래)

월토이와 함께 심어 연출한 노블(위), 목질화된 칼란코에(아래)

까라솔

붉은색을 띤 노란 장미처럼 보인다. 햇빛을 적게 보면 붉은색이 없어지고 녹색으로 변한다. 과습하면 줄기가 물러 버린다. 장마철에는 습도가 높으므로 특히 통풍에 신경을 써야 한다. 물은 월 1~2회, 흙이 바싹 말랐을 때 준다. ● 아래의 까라솔 분재는 햇빛을 적게 보아서 잎이 녹색으로 변했다. 줄기가 나무처럼 보이는 형태가 아름답다.

꽃기린

솟아오른 모양이 기린을 닮아 붙여진 이름이다. 옆으로 가지가 뻗어 있고 날카로운 가시가 많이 달려 있어서 영문으로는 '가시관(Crown of Thorns)'이라고 한다. 꽃은 빨강·노랑·분홍 등으로 일년 내내 핀다. 번식은 줄기꽂이로 하는데, 줄기를 자른 면에서 흰 액체가 나오므로 물로 씻어서 말린 뒤 흙에 꽂는다.

● 오래 자라 나무처럼 보이는 까라솔

● 꽃기린

녹영(콩란)

연두빛 완두콩이 알알이 매달려 있는 것처럼 가늘고 길게 줄기에 매달려 있다. 솜털 같은 작은 꽃이 핀다. 동그랗고 통통한 잎이 쪼글쪼글해졌다면 물이 부족한 것이다. 햇빛을 충분히 받아야 하고, 물은 흙 바싹 말랐을 때 주고 통풍이 잘되어야 한다. ● 아래의 녹영은 여인상 용기에 심어 긴 머리카락이 늘어지는 모양으로 연출했다.

리틀 장미

작은 장미를 닮았다. 꽃은 봄여름에 피고, 연녹색 잎은 햇빛을 보면 연분홍색으로 변한다. 줄기가 가는 다육식물은 물을 자주 주면 웃자라며, 장마철에는 물을 주지 않아도 고온과 햇빛 부족으로 웃자란다. 추운 곳에서 월동하면 웃자라지 않는다. 잎이 떨어지고 웃자라도 나중엔 고목처럼 된다. 줄기가 말려서 더 이상 자랄 수 없을 땐 잎꽂이로 번식한다.

● 소녀의 머리카락처럼 보이는 녹영

● 리틀 장미

라디칸스

식물체가 작고 여려서 다육식물 중에서는 햇빛에 가장 빠른 반응을 나타난다. 초록 잎이 햇빛을 보면 붉게 물든다. 붉은 잎에서 톡톡 터질 듯한 동그랗고 하얀 꽃이 만발한다. 번식은, 잎이 떨어지면 잎꽂이가 되고, 줄기를 자르면 생장점 부근에서 자구가 생긴다. 과습하면 썩기 쉬우므로 물은 흙이 바싹 마른 뒤에 한 번씩 준다.

우주목

오랫동안 키우면 줄기가 고목 같은 느낌을 낸다. 굵게 키우려면 가지를 잘라 준다. 자른 가지를 흙에 꽂아 놓으면 뿌리를 내린다. 햇빛이 잘 들어오고 바람도 잘 통하는 창가에서 키운다. 그늘에서 키우면 웃자라서 모양이 흐트러진다. 겨울에는 최저 10℃ 이상에서 키우고, 물은 월 1회 정도 흙이 바싹 말랐을 때 준다.

● 암석 모양의 용기에 심은 라디칸스

● 달나라의 고목처럼 보이는 우주목

아악무

붉은 갈색 줄기에 가지가 많이 난다. 잎은 누런색으로 얼룩이 있는데, 햇빛이 강할수록 분홍색으로 변한다. 장마철 햇빛이 약하고 환기도 안 되며 습도가 높으면 물러 버리는 경우가 많다. 또 그늘에서 키우면 잎이 떨어지고 줄기 밑동이 무른다. 이때는 무른 부분을 잘라 내어 말린 뒤 다시 심는다. 잎이 약간 처져 있을 때 물을 준다.

● 꽃처럼 예쁜 아악무

취설송

채송화처럼 생긴 잎 사이에 흰 털이 있다. 햇빛을 많이 받을 때에는 붉은색이던 잎이, 빛이 줄어들면 녹색으로 변하고, 잎줄기가 웃자란다. 잎 사이에서 꽃대가 길게 나와 꽃이 핀다. 직사광선에 두되, 한여름 강한 광선은 피한다. 물은 흙이 바싹 말랐을 때 준다. 겨울철 휴면기에는 최저 온도 5℃를 유지한다.

● 붉은 잎 위에 눈이 내린 것 같은 취설송

Part 5

평범한 공간에
개성을 더하는 플랜테리어

수경재배

● 아이비, 빅토리아(드라세나 종류)

수경재배

흙을 전혀 사용하지 않고 물에서만 식물을 키우는 것을 '수경재배'라고 한다. 물을 주는 번거로움을 덜 수 있고, 비교적 관리가 간편하여 바쁜 현대인들이 관리하기 쉽다. 혹시 화분 흙에 있을지도 모르는 벌레가 나오지 않아서 위생적이다. 또한 가습기 효과가 있어 실내 습도를 유지할 수 있고, 뿌리 상태를 확인할 수 있어 편리하다. 물에 숯을 넣어 주면 소독 효과를 볼 수 있다.

수경재배 식물 관리하기

기본 관리

▶ 투명한 유리 용기를 이용할 경우 뿌리까지 볼 수 있는 장점이 있지만, 햇빛이 닿으면 이끼가 생겨 용기를 자주 씻어 주는 것이 좋다.

▶ 불투명한 도자기 등의 용기는 이끼가 생기지 않아서 관리하기가 편하다.

▶ 물을 갈 때는 상한 잎이나 무른 뿌리를 잘라 준다.

▶ 용기 가득 물을 채우면 산소가 부족해져서 뿌리가 호흡하기 어려우므로 뿌리 길이의 2/3 정도만 물을 채운다.

물주기

물의 온도와 수돗물 염소 성분을 고려하여, 물을 받아 하루 정도 햇빛에 두었다가 사용하는 것이 좋다. 여름에는 물의 온도가 높아지므로 주

1회, 겨울에는 월 1회 물을 갈아 준다. 물을 갈아 주지 않으면 산소 농도가 낮아져 뿌리가 썩는다.

▶ 물은 뿌리의 2/3 정도 채운다. 1/3은 공기가 통할 수 있도록 남겨 둔다.

▶ 물은 일주일에 한 번씩 갈아 준다.

햇빛

강한 햇빛은 물의 온도를 높여 뿌리를 상하게 하므로 반그늘에 키운다.

비료

물에서만 자라므로 흙에서 키우는 경우보다 연하게 주어야 한다. 물 1리터에 물비료 0.5cc가 알맞으므로, 월 1회 2,000배 희석해 준다. 알비료는 녹두알 크기의 것을 1~2알 정도 넣어 준다.

수경재배에 활용하는 식물의 종류

잎을 보는 종류 달개비, 드라세나, 스킨답서스, 싱고니움, 워터코인

꽃 종류 꽃베고니아, 임파첸스, 한련화

알뿌리 종류 수선화, 튤립, 히야신스

다육식물 바위솔, 십이지권, 에케베리아

채소와 열매 종류 고구마, 당근, 무, 미나리, 아보카도, 콜라비

시페루스, 워터코인 수경재배

식물
시페루스
워터코인
물수세미

기본 준비물
자갈
맥반석
숯
유리 용기
나무젓가락

〈 만들기 〉

1 바닥에 자갈과 숯을 깐다.

2 식물을 넣고 젓가락으로 뿌리를 편다.

3 백반석으로 식물을 고정한다.

골드세피아(드라세나 종류)

대나무 같은 줄기가 동양적인 분위를 풍긴다. 굵은 줄기가 위로 퍼져 있으며, 바깥쪽은 휘어서 곡선이다. 반점이 있는 연두빛 작은 잎이 세 갈래로 퍼졌는데 점점 진초록으로 변한다. 꽃은 아이보리색이며, 건조에 강하고 공중 습도가 높아야 잘 자란다. ● 줄기를 5~10cm 길이로 잘라 소라껍질 속에 넣고 물을 가득 채웠다. 여름철에 시원한 느낌을 준다.

무스카리(알뿌리)

잎과 폭이 좁다. 가느다란 꽃줄기에 흰색이나 청색을 띠는 항아리 모양의 작은 꽃이 포도송이처럼 달려 아래를 향해 핀다. 한 번 심으면 매년 꽃이 핀다. 이름은 사향 냄새를 의미하는 그리스어 'moschos'에서 유래했다. ● 수경재배를 하려면 구근의 흙을 털고 깨끗이 씻어 유리병에 넣는다. 이때 뿌리만 물에 잠기게 한다. 물은 일주일에 한 번씩 갈아 준다.

● 골드 세피아

● 무스카리

시페루스

곧게 뻗은 줄기 끝에 잎이 우산 모양으로 퍼져 있다. 잎 끝이 말랐을 때 줄기를 잘라 주면 새순이 계속 나온다. ● 흙을 털고 뿌리를 깨끗이 씻은 뒤 맥반석 자갈에 심는다.

스노우 사파이어 잎에 눈이 내린 것처럼 흰 무늬가 있다. 그늘에서도 웃자람 현상이 없지만 강한 광선에서는 잎이 탄다. 뿌리를 깨끗이 씻어 돌에 심고 물을 준다.

아단소니(몬스테라 종류)

구멍이 뚫린 잎이 독특하다. 덩굴성이서 길게 자라므로 긴 병에 심으면 흐르는 선이 아름답게 연출된다. 북유럽풍의 인테리어에 많이 쓴다. 줄기에서 뿌리가 나오면 5~7cm 정도로 줄기를 잘라 물에 꽂는다. 생장 속도가 빨라 키우는 재미가 있다. ● 뿌리를 깨끗이 씻어서 병에 담고 맥반석 청색 조각으로 고정한다. 물은 일주일에 한 번씩 갈아 준다.

● 시페루스, 스노우사파이어

● 아단소니

접시 정원

수선화 접시 정원

접시 정원

접시 정원이란, 접시처럼 얕고 넓은 용기에 여러 가지 식물과 부재료(숯, 돌, 나무토막, 조개껍질 등)를 함께 심어 작은 정원이나 풍경을 꾸미는 것이다. 손쉽게 용기를 구할 수 있고, 좁은 공간에서도 활용 가능한 것이 장점이다. 또한 여러 가지 식물을 모아 심어 관리하기 쉽고 특히 물주기가 편리하다. 아디안텀과 같은 잎이 얇은 고사리과 식물을 심으면 건조에 약하여, 잎이 두꺼운 호야 같은 식물보다 관리하기 어렵다.

접시 정원 관리하기

기본 관리

화분 대신 접시를 이용했다면 물구멍이 없어서 물이 빠져 나가지 못한다. 흙 속에 물기가 많으므로 겉흙이 바싹 말랐을 때 물을 주어야 한다.

물주기

▶ 흙이 계속 촉촉한 상태에 있으면 뿌리가 호흡을 하지 못해 썩어 버리므로 흙의 수분 상태를 확인한 뒤에 물을 준다.

▶ 잎이 두꺼우면 물을 더디 주고, 잎이 얇으면 물을 자주 준다.

햇빛

창문으로 들어오는 반직사광선이 좋다. 잎의 색이 화려하거나 꽃이 피는 식물은 더 많은 빛이 필요하다.

비료

일반적인 화분과 같다.

접시 정원에 활용하기 좋은 식물

용기의 깊이에 따라 식물을 선택한다. 깊지 않은 용기에는 잎이 두꺼워 건조에 강한 페페로미아·호야·다육식물 등을 선택한다.

	실외(직사광선)	실내(반직사광선)
관엽식물	마삭줄, 만데빌라 산드라, 아이비, 호야	달개비, 스킨답서스, 필로덴드론, 아스파라거스
꽃	게발선인장, 메리골드, 제라늄, 페튜니아	임파첸스, 재스민, 클레로덴드론, 후쿠시아

커피 잔에 심어 10년간 키운 홍콩야자(쉐플레라). 물주기를 잘하면 물구멍이 없는 용기에서도 오랫동안 식물을 키울 수 있다.

파키라 접시 정원

식물
파키라
페페로미아

기본 준비물
마사토
배양토
이끼
장식돌
접시 형태 화분

〈 만들기 〉

재료를 준비한다.

화분 바닥에 배수망을 깐다.

마사토를 넣는다.

배양토를 넣는다.

파키라, 페페로미아순으로 심고 이끼를 덮은 뒤 돌로 장식한다.

지리홍 접시 정원

식물 지리홍(아글라오네마), 줄리아(페페로미아), 화이트스타(피토니아) 준비물 마사토, 배양토, 이끼, 장식돌, 흰 자갈, 접시(지름 25cm)

만들기

1 접시 바닥에 마사토를 1cm 높이로 깐다.

2 지리홍을 넣고 오른쪽으로 줄리아, 앞쪽으로 화이트스타를 배열한다. 전체 모양이 삼각형이 되도록 구성한다.

3 식물 위에 배양토를 넣고 이끼를 덮는다.

4 장식돌을 올린 뒤 흰 자갈로 모양을 내어 마무리한다.

파키라 그늘에 소가 있는 접시 정원

식물 파키라, 애기눈물 준비물 마사토, 배양토, 이끼, 소 조형물, 접시(지름 25cm)

만들기

1 접시 바닥에 마사토를 1cm 높이로 깐다.

2 파키라를 넣고 앞쪽으로 애기눈물을 올린다.

3 식물 사이에 배양토를 넣고 자갈로 길을 만들어 준다.

4 소 조형물을 올려 자리를 잡고 이끼로 덮어 마무리한다.

※애기눈물은 건조에 약하므로 자주 물을 주고 분무해 준다.

공중걸이 정원

● 페튜니아와 아이비가 어우러진 공중걸이 정원

공중걸이 정원

꽃·잎·줄기 등이 덩굴성이거나 반덩굴성으로 옆으로 뻗거나 길게 늘어지는 식물을 이용하여, 실내외 공간인 창문·벽·천장·울타리·담 등에 걸거나 매달아 장식하는 입체적인 공간 장식법이다. 좁은 공간을 입체적으로 활용할 수 있고, 지저분한 곳을 가려 주는 역할도 하므로 최근 플랜테리어에서 많이 이용된다. 바닥에 놓인 가구와 조화를 이룰 수 있도록 연출하는 것이 좋다.

공중걸이 정원 관리하기

기본 관리

흙은 용기에 가득 채우지 않고 2~3cm 정도 아래까지만 채워서 물이 넘치지 않도록 한다.

물주기

▶ 공중에 매달아 놓은 식물은 쉽게 건조해지므로, 물을 자주 그리고 충분히 준다. 자칫 물이 그대로 빠져나갈 수 있으므로 주의한다.

▶ 저녁에 주어야 식물이 물을 충분히 흡수할 수 있다.

▶ 여름에 물을 줄 때는 하루에 한 번 해질 무렵 또는 그 이후에 주는 것이 좋다.

▶ 흙과 물이 없이 사는 공중식물(Air plant)은 수시로 분무해 준다. 일주일에 1회 정도 세숫대야 등에 물을 가득 채우고 식물 전체를 반

나절 정도 담갔다가 꺼내면 된다(수염 틸란드시아 종류).

햇빛

한여름 기온이 30℃ 이상일 때는 그늘에 걸어 둔다.

비료

일반 화분과 같다.

공중걸이 정원에 이용하는 식물

분류	이름
공중 식물	디시디아, 틸란드시아류
다육식물	녹영, 립살리스(선인장), 박쥐란
꽃을 보는 종류	만데빌라 산드라, 임파첸스, 페튜니아
잎을 보는 종류	보스톤고사리, 아스파라거스, 아이비, 스킨답서스, 달개비

디시디아(디스디키아)

흔히 '디시디아'라고 부르지만 '디스키디아'가 정확한 이름이다. 고온다습한 동남아시아 산림지대에서 나무 줄기 등에 이끼와 함께 붙어 자라는 착생식물이다. 붉은 꽃이 진 뒤 완두콩 모양의 열매가 열린다. 번식은 씨앗이나 줄기꽂이로 한다. 봄·가을·겨울에는 직사광선, 여름에는 반직사광선에 두는 것이 좋다. 밝은 곳에서 기르는 것이 좋으며, 높은 습도에서 잘 살기 때문에, 실내에서 기를 때는 매일 분무해 준다. 적온은 20~25℃, 최저 온도는 13℃ 내외이다.

수염 틸란드시아

특이한 형태를 가진 공중 식물로, 포기 전체가 은백색이며, 매우 가는 줄기에 3~6개의 잎이 있고, 꽃은 매우 작은 황록색이다. 뿌리는 없으며, 공기 중의 수분과 양분을 흡수하여 살아가는데, 공기 정화 식물로 가치가 크다. 습도 70~80%, 온도 25~30℃의 반직사광선이 좋다. 매일 분무해 주고, 일주일 1회, 물에 식물 전체를 한두 시간 담가 두었다가 꺼낸다.

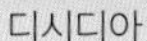

디시디아

수염 틸란드시아

만데빌라 산드라

5~9월에 나팔 모양의 꽃이 피는 덩굴식물로, 겨울에도 온도와 햇빛이 적당하면 꽃이 핀다. 반직사광선과 직사광선에서 잘 자란다. 추위에 약하므로 봄~가을엔 밖에서 키우고, 11월부터는 실내에 둔다. 번식은 줄기꽂이로 한다. 4월에 가지치기를 해 주면 새 줄기가 많이 나와 풍성해지고 꽃도 많이 핀다.

수선화

봄을 알리는 대표적인 식물인 노란 수선화는 온도가 5~15℃ 정도 되고 햇빛이 잘 들어오는 곳에서 잎도 싱싱하고 꽃도 오래 볼 수 있다. 시든 꽃은 즉시 따 버리고, 물은 알뿌리가 마르면 준다. ● 수선화를 바구니에 심어 공중에 매달았다. 따뜻한 실내에 걸어 두면 잎이 누렇게 되고 꽃도 빨리 피므로 주의한다.

● 겨울 발코니에서 꽃이 핀 만데빌라

● 바구니에 담아 공중에 건 수선화

아스파라거스

덩굴성으로, 새순이 많이 나와 잘 자란다. 온도가 20~30℃가 되고 반직사광선에서 잘 자라므로, 햇빛이 들어오는 창가에 놓는다. 물은 흙이 마르면 준다. ● 집 모양의 용기에 심어 단조로운 벽면을 생동감 있게 연출했다. 나무 재질이 물에 닿으면 상하므로 용기 밑에 비닐을 깔고 마사토를 1cm 넣은 뒤 식물을 심는다.

아이비

과습하면 뿌리가 상하고 잎이 축 처진다. 반직사광선에서 잘 자라고 추위에 강하다. 적정 온도는 20~25℃도이다. ● 손잡이가 긴 바구니에 아이비를 심어 매달아 공간 장식을 해 본다. 바구니 바닥 안쪽이 돌출되어 있으면 신문지를 깐 뒤 비닐을 깐다. 가는 철사로 손잡이에 올린 긴 아이비를 고정한다. 나머지 잎은 아래로 늘어지게 한다.

● 집 모양의 분에 담아 벽에 건 아스파라거스

● 바구니에 담아 공중에 건 아이비

유리병 속의 작은 정원

바이올렛과 피토니아를 심은 테라리움

유리병 속의 작은 정원(테라리움)

물 빠짐이 없는 투명하고 입구가 좁은 용기 안에 식물을 키워 작은 정원을 꾸며 본다. 입구가 넓은 용기에 비해 일정한 온도와 습도를 유지할 수 있고, 먼지나 벌레로부터 식물을 보호할 수 있다. 또한 물주기 횟수를 줄여 관리하기 쉽다.

테라리움 관리하기

기본 관리

▶ 유리면에 닿는 식물은 잘라 준다.

▶ 용기 안에 물이 많을 때에는 솜이나 휴지를 이용해 물기를 빨아들인다.

물주기

물의 증발량이 적으므로 흙이 바싹 마르면 준다. 월 1~2회 정도가 적당하다.

햇빛

반그늘에 놓는다.

테라리움 만들기

식물
베고니아
피토니아
트리안

기본 준비물
마사토
장식돌
이끼
숯
유리 용기

〈 만들기 〉

1 재료를 준비한다.

2 용기 바닥에 마사토를 깐다.

3 숯을 넣는다.

4 배양토를 넣는다.

5

6

베고니아를 심고 나머지 식물을 배열한 뒤 돌과 이끼로 마무리한다.

다육식물 테라리움

식물 스투키, 선인장, 여러 종류의 다육식물 기본 준비물 마사토, 배양토, 색모래, 색돌, 흰 자갈, 숯, 유리 용기

만들기

1 용기 바닥에 마사토를 1cm 높이로 깐다.
2 색모래로 층층이 모양을 낸다.
3 뒤에는 키가 큰 스투키를, 앞에는 키 낮은 선인장과 다육식물을 배치한다.
4 색돌과 흰 자갈로 마무리한다.

개방식 테라리움

여름철에 어울리는 테라리움을 만들었다. 파키라를 뒤쪽 가운데 심고, 아래에 페페로미아, 앞쪽에 흙을 덮어 주는 타라를 심었다. 작은 토분으로 장식하여 단조롭지 않게 했다. 잎이 두꺼운 식물은 물을 많이 요구하지 않으므로 흙이 마르면 준다. 창문으로 빛이 들어오는 반직사광선에 놓아두고, 온도는 20~25℃가 적당하다.

워터코인

동글동글 귀여운 잎 모양이 동전 같아서 '코인'이라는 이름이 붙었다. 양지와 반양지에서 잘 자라는 수생 식물로, 적정 생육온도는 16~30℃이다. 물가 같은 환경이나 흙에서나 잘 자라지만 햇빛이 부족하면 잎이 누렇게 변해 시든다. ● 워터 코인을 투명한 유리 용기에 심고 물가 같은 환경을 연출했다. 여름에 청량하고 시원한 느낌을 준다.

● 파키라를 심은 개방식 테라리움

● 워터코인

월토이(다육식물)

토끼 귀를 닮아 월토이, 잎 가장자리가 판다 눈의 검은 점처럼 보여 'panda plant'라고 한다. 잎 가장자리에 보송한 솜털이 있으므로 물을 줄 때는 잎에 닿지 않도록 한다. 햇빛을 충분히 받으면 잎 가장자리가 선명해지고, 간격이 좁아지며 잘 자란다. 여름에는 직사광선을 피하고 바람이 잘 통하는 곳에 둔다. 적정 온도는 15~35℃, 겨울에 휴면한다.

이오난사

흙이 필요 없으며, 나무 등에 착생하여 공중에 매달려 자라는 공중 식물이다. 뿌리에 바람이 잘 통해야 한다. 반직사광선에 두고, 물은 일주일마다 분무해 준다. ●공중식물 이오난사를 유리 속에 넣어 장식했다. 용기 밑바닥에 자갈을 1cm 높이로 깔고 이오난사를 고정한다. 흰 자갈은 장식 역할을 한다. 바람이 잘 통하지 않으면 물러 버린다.

● 와인 잔에 심은 월토이

● 와인 잔에 심은 이오난사

물고기 정원(아쿠아리움)

● 스킨답서스와 산호를 이용한 물고기 정원

물고기 정원(아쿠아리움)

유리용기에 식물과 물고기를 함께 넣어 정원을 만드는 것을 '아쿠아리움(aquarium)'이라고 한다. 물이 증발하면서 실내 습도를 유지해 주고, 수초와 물고기의 움직임을 관찰할 수 있어 어린 자녀들에게 자연 학습 효과가 있다. 식물과 함께 물고기를 키우면, 식물이 물속에 산소를 공급해 주어 물고기의 호흡을 돕는다. 일반적으로 수초를 이용하지만 잎을 보는 관엽식물로도 만들 수 있다.

아쿠아리움 관리하기

기본 관리

용기 밑바닥에 맥반석과 숯을 깔면 물이 깨끗해진다.

물 관리

이끼가 심해지면 물속에 산소가 부족하여 물고기가 살 수 없어진다. 여름에는 주 1회, 겨울에는 월 1회 물을 갈아 준다.

햇빛

물배추나 개구리밥 등이 떠 있으면 용기 속까지 강한 햇빛이 닿지 않아 물의 온도를 적절히 유지하고, 이끼가 발생하는 것을 막을 수 있다. 그하지만 이런 식물로 수면을 가득 채우면 빛이 전혀 들지 못해 광합성작용을 할 수 없으므로 수면의 1/3 정도만 채우는 것이 좋다.

아쿠아리움 만들기

식물
산세베리아
스킨답서스
물보라

기본 준비물
맥반석
소라껍질
산호수

〈 만들기 〉

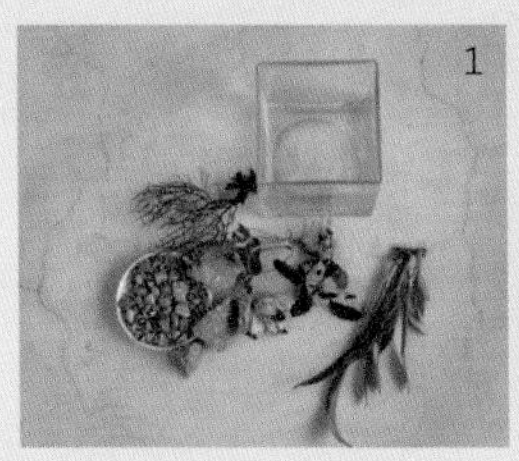

1 재료를 준비한다.

2 용기 바닥에 돌을 깐다.

3 식물을 고정할 소라껍질을 넣는다.

4 산호를 넣는다.

5 식물을 넣고 물을 채운다.

물에 완전히 잠겨도 사는 관엽식물

산세베리아

봄에 피는 흰 꽃이 향기로운 다육 식물로, 대표적인 공기 정화 식물이다. 두꺼운 잎에 수분이 많아서 물을 자주 주면 흙 재배에서는 뿌리가 썩어 버리는데, 물 재배에서는 완전히 잠겨도 잘 산다. 적온은 15~25℃이며, 겨울철에는 최저 10℃ 이상을 유지해 준다.

스파티필름

그늘이나 햇빛이 드는 곳을 가리지 않고 잘 자라며, 대표적인 공기 정화 식물로서 공기 오염 물질을 제거하는 능력이 우수하다. 일년 내내 꽃을 피우지만 그늘에 지나치게 오래 있으면 꽃이 피지 않는다. 물을 좋아하며, 적정 생육 온도는 20~25℃이고, 겨울철에는 13℃ 이상을 유지해 준다.

● 물에 잠긴 산세베리아

● 물에 완전히 잠긴 스파티필름

석창포

식물에서 나는 특유의 향기가 청량감을 주어 실내에서 키우면 좋다. 본래는 습기 많은 물가(계곡)의 그늘진 곳에서 자생하는 식물로, 적정 생육온도는 16~20℃, 겨울철 최저 온도는 5℃로, 관리하기가 비교적 쉽다. 토종 석창포는 한약재로도 유명하다. 원예종으로 미니석창포·무늬석창포 등이 있다.

스킨답서스

덩굴성 식물로, 줄기 마디마디에서 뿌리가 나온다. 녹색 바탕에 노란 무늬가 있는 종류를 '형광 스킨답서스'라고 한다. 적정 생육온도는 20~30℃이며, 반직사광선에서 잘 자란다. 줄기를 두 마디 정도 잘라 물에 담그면 뿌리가 잘 내린다. 여름철에는 직사광선을 받으면 잎의 색깔이 퇴색하므로 주의한다.

● 석창포, 스킨답서스, 싱고니움, 애란으로 꾸민 아쿠아리움

싱고니움

덩굴성이면서 줄기 마디에서 기근이 나와 다른 물체에 붙어 자란다. 반음지에서 잘 자라며, 관리가 쉬워 초보자가 기르기에 좋다. 물속에서도 잘 자라 수경재배 식물로 흔히 이용된다. 생육 가능한 겨울철 최저 온도는 10℃이다. 물은 겉흙이 마르면 흠뻑 준다. 물이 부족하면 잎이 처진다.

유리 용기 2개를 이용한 아쿠아리움

아래의 정사각형 용기에는 형광 스킨답서스와 애란을 심고 물을 가득 채웠다. 위의 긴 사각형 유리 용기에는 아디안텀과 아이비를 심었다(긴 직사각형은 색모래를 이용해서 무늬를 나타냈다). 두 개의 용기를 겹쳐 놓음으로써 공중 습도를 높였다. 아래에 있는 용기에서 물이 증발하므로, 높은 공중 습도를 필요로 하는 아디안텀이 잘 자랄 수 있다.

● 석창포, 물수세미로 만든 아쿠아리움

● 유리 용기 2개를 이용한 아쿠아리움

액자 정원

호접란 액자 정원

액자 정원

액자 정원은 실내 인테리어로 인기가 많은 벽면 정원의 일종이다. 공간을 입체적으로 활용할 수 있는 새로운 장식법으로, 벽면을 활용하여 장소를 차지하지 않고 단조로운 벽에 변화를 줄 수 있다. 흙은 떨어지지 않도록 가볍고 접착력이 있는 것을 사용하는데, 굳어서 형태를 유지하는 넬솔을 쓴다.

액자 정원 관리하기

기본 관리

▶ 물주기에 신경 쓴다.

▶ 잎이 두껍고 뿌리가 굵은 식물을 심으면 물을 주는 횟수를 줄일 수 있어 관리하기 좋다.

물주기

식물을 심은 공간이 얕아서 쉽게 마르므로 물을 자주 준다. 분무기로 매일 물을 뿌려 주는 것이 좋다.

햇빛

각종 식물을 심을 때는 햇빛이 깊숙하게 들어오는 곳이 좋다. 자연광이 제한된다면 인공광을 설치해야 한다.

액자 정원에 활용 가능한 식물

▶ 계절감을 느낄 수 있는 프리뮬러, 팬지, 수선화(알뿌리)

▶ 물 주는 횟수를 줄여 주는 잎이 두꺼운 호야, 페페로미아

▶ 벌레를 잡아먹는 벌레잡이제비꽃, 네펜데스

▶ 흙이 없어도 잘 자라는 틸란드시아류

▶ 공기 오염을 정화하는 호접란, 스파티필름

● 수선화를 이용한 액자 정원

● 와인 상자에 틸란드시아를 넣은 액자 정원

호야 액자 정원

〈 만들기 〉

재료를 준비한다,

액자에 넬솔을 적당히 넣는다.

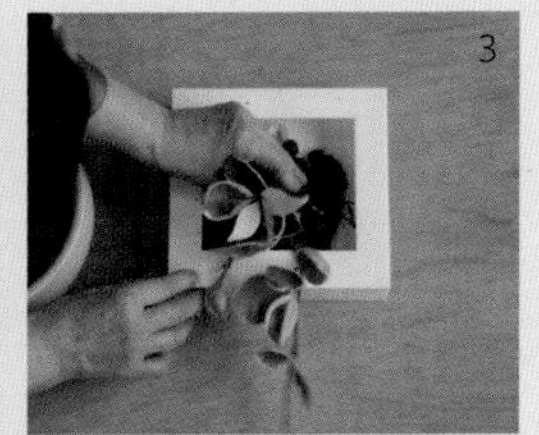

호야를 심는다.

호야를 모양 있게 배치한다.

넬솔을 마저 채워 넣는다.

숯 정원

● 카틀레야와 풍란을 심은 숯 정원

숯 정원

숯 정원은 미세 먼지와 냄새를 제거하는 참숯에 식물을 심는 정원이다. 습도가 높은 장마철에는 습기를 제거하여 쾌적한 환경을 만들어 준다. 더불어 공기 중 오염 물질을 제거하여 공기를 맑게 유지하는 역할을 한다. 식물은 뿌리가 숯에 잘 붙는 착생식물이 좋으며, 대표적으로 이용하는 식물로 호접란·풍란·석곡·마삭줄·돌단풍 등이 있다.

숯 정원 관리하기

기본 관리

▶ 숯에 활착되어 있으며 뿌리가 보이는 난 종류는 뿌리가 마르지 않도록 뿌리에 수시로 분무해 준다.

▶ 숯은 2~3개월에 한 번씩 물에 씻어 햇빛에 말려 깨끗하게 유지하여야 효과를 높일 수 있다.

물주기

뿌리가 노출되어 마르지 않도록 수시로 분무해 준다. 용기에 물을 가득 채워 주면 증발하는 물이 뿌리에 수분을 공급한다.

햇빛

뿌리가 노출되어 있으므로 반직사광선에서 관리한다. 직사광선은 피해야 한다.

뿌리가 숯에 잘 붙는 착생식물이 적합하다.

대엽풍란

바위나 나무에 뿌리를 내리는 착생란으로, 나무·돌·기와 등에 붙여 이용한다. 여름에 향기가 나는 순백색 꽃이 핀다. 바람이 잘 통하는 그늘에서 잘 자라는데, 봄가을에는 직사광선, 반직사광선에서 관리한다. 공중습도는 50~60%가 적당하며, 봄과 가을에 월 2회 물비료를 준다.

석곡

나무에 붙어 자라는 기생 식물로, 대나무처럼 곧은 가지 위에 작은 꽃이 핀다. 줄기가 푸른 것은 흰 꽃, 적갈색은 담홍색 꽃이 핀다. 바크나 이끼에 심는다. 액체 비료를 주면 잘 자라지만 질소가 과다하면 잎이 상하거나 꽃이 피지 않는다. 저온에 강하다(5℃). 적정 생육온도는 20~25℃, 적정 습도는 60~ 70%이다.

마삭줄

숲속 바위틈 그늘진 곳에 자생한다. 윤기 있는 잎은 크기와 색상이 다양하고, 적갈색을 띠는 줄기에서 뿌리가 나와 다른 물체를 감고 자란다. 좀마삭줄·오색마삭줄·황금마삭줄 등이 있다. 5~ 6월에 흰색, 노란색 꽃이 핀다. 잎이 얇아 물을 많이 필요로 하며, 건조하면 새순이 말라버린다. 봄가을에 잎과 줄기를 따서 말려 한약재로 쓴다.

대엽풍란 숯 정원

식물
대엽풍란
소엽풍란

기본 준비물
숯
하이드로볼
실

〈 만들기 〉

1
재료를 준비한다,

2
풍란 뿌리의 이끼를 털어 낸다.

3
숯에 풍란을 실로 고정한다.

4
풍란의 죽은 뿌리를 잘라 낸다.

5
바닥에 하이드로볼을 깔고 물을 채운다.

Part 6

직접 만들어요

한 송이 꽃, 평범한 꽃을 돋보이게 곁들이는 잎 장식, 꽃이 없을 때 잎만 따로 묶어서 만드는 꽃다발도 얼마든지 멋진 선물이 될 수 있다.

카네이션 컵꽂이

식탁 위 찻잔에서 피어나는 소소한 아름다움

카네이션 컵꽂이

혼자 사는 사람도 한 개 정도는 가지고 있는 커피 잔에 꽃을 꽂아 테이블 위를 장식해 보자. 평범한 공간에서 늘 사용하던 익숙한 물건에 꽃 몇 송이가 더해지면 분위기가 산뜻해진다. 꽃의 형태와 색상을 고려하여, 집에서 키워 풍성해진 식물의 잎을 조합해 보자.

만들기

1. 카네이션(스프레이 품종) 3줄기, 고사리 잎, 커피 잔, 스카치 테이프를 준비한다. 커피 잔 위에 스카치테이프를 십자 모양으로 붙여 공간을 나눈다. 스프레이 품종의 카네이션은 꽃이 크지 않아 작은 용기에 꽂기 좋다.
2. 카네이션 3송이를 커피잔 지름보다 3cm 정도 길게 잘라(12cm 정도) 삼각형으로 꽂고 고사리 잎을 잘라서 꽂는다.
3. 비어 있는 공간을 나머지 꽃과 카네이션 잎으로 채운다. 카네이션 잎을 잘라 꽃 사이에 넣어 풍성하게 해 준다.

1

2

3

생활 속에서 꽃을 쉽게 즐기는 방법

꽃을 병에 꽂거나 꽃다발로 만드는 데 특별한 기술이나 정답은 없다. 자신이 알고 있고 좋아하는 방식으로 하되, 꽃과 잎의 형태와 색상의 조화를 좀더 고려하면 아름답게 표현할 수 있다.

꽃다발을 만들 때, 장식할 잎이 따로 없다면, 집에서 키우는 식물의 잎을 따서 곁들이면 된다. 고사리 종류나 아이비 잎은 꽃과 특히 잘 어울린다. 잎의 색이 풍부하고 넓은 엽란을 꽃다발에 활용하면 시원하고 풍성한 느낌을 준다. 꽃을 꽂을 꽃병이 없을 때는 굳이 꽃병을 사지 말고 주스 병이나 잼 병 등을 활용하면 된다.

● 관엽식물인 엽란으로 포장한 꽃다발

● 주스 병에 꽂은 라난큘러스

절화를 오래 보는 법

1 공기가 들어가지 않도록 줄기 끝을 물속에서 자른다.
2 물과 사이다를 3:1의 비율로 섞은 뒤, 락스 한 방울(1cc)를 넣은 뒤, 이 물을 충분히 흡수할 수 있도록 꽃을 꽂아 둔다.

이렇게 하면 꽃의 수명이 1.5~2배 정도 늘어나고, 꽃의 크기가 크고 색깔이 진해지며 작은 꽃봉오리까지 모두 피어난다. 사이다는 영양을 보충해 주고, 락스는 박테리아를 살균하는 효과가 있다.

● 잼 병에 꽃을 꽂아 장식한 공중걸이

● 도자기에 꽃과 아이비를 꽂은 꽃 장식

막대사탕 부케

아이 마음에 오래 기억될 기분 좋은 꽃 선물

막대사탕 부케

어린이를 축하해 줄 일이 생겼을 때, 쉽게 구할 수 있는 막대사탕과 꽃 몇 송이를 조합하여 꽃다발을 만들어 축하의 마음을 전한다. 이 작은 선물은 아이가 어른이 되어도 기억에 남을 것이다.

만들기

1 막대사탕(7~11개), 패랭이꽃, 아네모네, 뉴 셀렘, 드라세나, 고사리, 플로랄테이프, 굵은 철사(20호), 지철사(종이철사)를 준비한다.

2 사탕을 2~3개씩 높낮이를 다르게 하여 굵은 철사를 대고 플로랄테이프로 감아 준다. 모든 재료를 같은 방법으로 감는다. 막대사탕 자루가 길다면 굳이 철사를 감지 않아도 된다.

3 ②의 사탕을 한데 모아 잡고 아네모네와 패랭이꽃을 조화롭게 두른 뒤 잎으로 둘러싸고 플로랄테이프로 꼭꼭 감는다. 리본으로 줄기를 묶어 완성한다.

1

2

3

허브 부케

마음을 톡 쏘는 초록의 싱그런 향기

허브 부케

허브는 향기를 음미하거나 차의 재료 또는 음식에 가미하기 위해 화분으로 키우는 경우가 많다. 풍성하게 자란 허브를 솎아 만든 꽃다발은 유럽풍의 색다른 느낌을 전해 준다.

만들기

1 장미허브, 로즈마리, 라벤더, 리본, 플로랄테이프, 철사(20호), 지철사를 준비한다.

2 줄기가 짧은 로즈마리를 철사에 고정하고 테이프로 감는다. 허브 줄기가 길면 그냥 쓰면 된다.

3 모든 재료를 같은 방법으로 말아 준 뒤 조화롭게 배치하여 지철사로 한 번에 묶고 리본을 감아 완성한다.

물속에서 뿌리 내린 장미허브

관엽식물 부케

꽃이 없어서 더욱 싱그럽고 이국적이다

관엽식물 부케

꽃이 없어도 걱정하지 말자. 관엽식물 잎으로 만든 부케는 질감과 형태가 매우 다채롭고 이국적이며 고급스럽다.

만들기

1 엽란, 스킨답서스, 아이비, 스노우 사파이어, 종이끈, 습자지를 준비한다.

2 뒤에는 엽란, 앞에는 스킨답서스, 양쪽으로 얼룩 무늬가 강렬한 스노우 스파이어, 가운데에 곡선을 이루는 아이비를 배치한다. 형태를 삼각형으로 디자인한다.

3 모든 재료를 종이끈으로 묶은 뒤 미색 습자지로 포장한다.

〈 꽃만큼 아름다운 잎 〉

위에서 시계 방향으로 아이비, 크로톤, 마코야나, 아단소니, 테이블 야자, 아레카 야자, 스노우 사파이어

크로톤, 산세베리아, 엽란, 테이블 야자, 아레카 야자의 잎으로 만든 꽃다발

다육식물 부케

이국적인 질감과 귀여움이 듬뿍

다육식물 부케

다육식물은 형태나 색상이 매우 다양하므로, 꽃 대신 충분히 모양을 낼 수 있다. 다육식물 부케는 오래 두고 볼 수 있는 장점이 있다.

만들기

1 석연화, 산세베리아, 금전수, 군자란, 포장지, 철사(20호), 노끈, 플로랄테이프를 준비한다.

2 석연화 줄기에 철사를 끼워 플로랄테이프로 감는다. 모든 재료를 같은 방법으로 감는다.

3 삼각형이 되도록 디자인한다. 금전수 잎을 사이에 놓고 산세베리아 잎은 뒤쪽으로 넣은 뒤 노끈으로 묶는다. 군자란 잎으로 감싼 뒤 마지막으로 포장지로 싼다.

다육식물 줄기를 물이나 흙에 꽂아 두면 뿌리가 내린다.

선물 꽃 포장

정성이 두 배로 느껴지는 선물 상자

선물 꽃 포장

선물 포장을 리본 대신 생화로 장식하면 더욱 소중하게 느껴진다. 생화는 뽑아서 컵에 꽂아 탁자 위를 장식할 수도 있어 일석이조다.

만들기

1 선물 상자, 마코야나 잎 5장, 라난큘라스, 흰패랭이꽃, 고사리잎, 미니 플로라폼(오아시스 단면에 테이핑 되어 있는 것)을 준비한다.

2 오아시스를 선물 상자에 붙인다.

3 마코야나 잎 세 장을 삼각형이 되도록 꽂고, 중심에 라난큘러스를 꽂는다.

4 마코야나 잎 사이에 나머지 꽃과 잎을 꽂는다.

크리스마스 리스

천연 재료로 쉽게 만들어 붉은 열정을 벽에 건다

크리스마스 리스

크리스마스가 되면 연말연시의 설렘을 느끼고 싶어진다. 자연 친화적이며 간단한 재료로 크리스마스 리스를 만들어 나의 공간을 꾸며 보자.

만들기

1 나뭇가지 6개, 빨간 열매, 솔방울, 목화솜, 지철사, 플로랄테이프, 글루건을 준비한다.
2 나뭇가지 3개를 철사로 묶어 정삼각형을 2개 만든다. 삼각형 두 개를 엇갈리게 배치하여 별 모양을 만들고 철사로 고정한다.
3 목화솜, 열매, 솔방울을 글루건으로 ②의 나무 별에 붙인다. 글루건이 없을 땐 철사로 묶어서 나무 별에 고정한다.

포인세티아 코사지

꽃보다 화려한 포인세티아로 겨울 크리스마스 분위기 업(up)

포인세티아 코사지

파티와 모임이 많아지는 연말연시, 계절감을 한껏 느끼게 하는 포인세티아가 꽃보다 화려하다.

만들기

1 포인세티아, 편백나뭇잎, 오리나무 열매, 붉은 열매, 물티슈, 은박지, 지철사, 플로랄테이프, 리본을 준비한다.
2 포인세티아 줄기를 물티슈로 감싼 뒤 은박지를 씌운다.
3 포인세티아를 플로랄테이프로 감고, 오리나무 열매와 붉은 열매에 지철사를 대고 테이프로 고정한다. 재료를 모두 함께 묶은 뒤 리본으로 감싸 준다.

크리스마스 오브제

한겨울 나의 작은 공간에 생기를 주는 귀여운 친구

크리스마스 오브제

공원에서 주운 솔방울과 빨간 열매, 나뭇가지, 빈 상자와 리본만 있으면 크리스마스 분위기를 느낄 수 있는 오브제를 만들 수 있다. 나의 작은 공간을 훈훈하게 하는 크리스마스 오브제를 만들어 보자.

만들기

1 오리나무 열매, 솔방울 여러 개, 빨간 열매, 나뭇가지 3개(30cm 길이), 스티로폼볼(지름 10cm, 색칠), 리본, 흰 자갈, 선물 상자, 글루건을 준비한다.

2 나뭇가지를 묶어 기둥을 만들고 스티로폼볼을 고정한 뒤 고정할 용기에 넣는다. 줄기와 용기에 리본을 감는다.

3 스티로폼볼에 글루건으로 솔방울과 열매를 고정한 뒤 선물 상자에 넣고 위쪽에 흰 자갈을 올려놓는다.

1

2

3

채소를 이용한 꽃 장식

식탁 위를 화려하게 연출하는 채소의 변신

채소를 활용하여 꽃다발을 만들어 생기 있는 분위기를 연출할 수도 있다. 채소로 식탁 장식을 만들 때 투명한 페트병을 수반처럼 이용할 수도 있다. ●아래 왼쪽의 그림 중, 위의 것은 아네모네와 라난큘러스에 치커리를 곁들인 꽃 채소 부케이고, 아래 것은 바나나파프리카에 치커리와 엽란을 조합하여 만든 채소 부케이다. 붉고 노란 바나나파프리카가 선명한 색상이 돋보이도록 아래에 엽란을 받쳐 주었다.

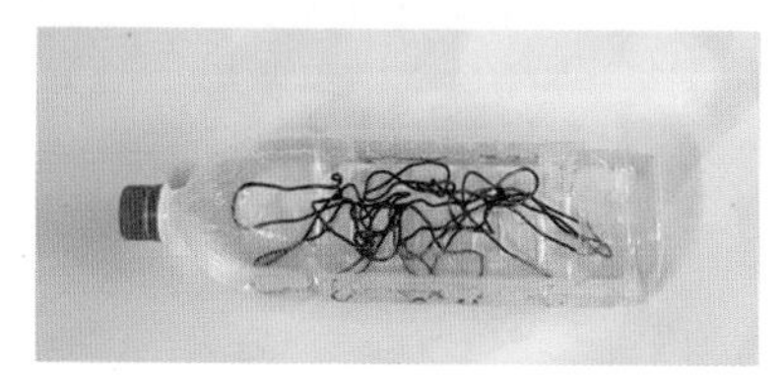

투명한 페트병에 굵은 철사를 구부려 넣어 채소와 꽃을 고정한다.

● **꽃과 채소로 만든 부케**

● **페트병 채소 꽃꽂이**

카네이션과 장미에 로즈케일과 적근대를 조합하여 페트병에 장식했다.

꽃만큼 화려한 적양배추 장식

가운데에 초를 올리거나 속을 도려내어 작은 컵을 놓고 꽃을 꽂기도 한다.

만들기

1 적채를 1/2등분하되 적채 깊이의 3/4까지 자른다(완전히 자르지 말 것).
2 방향을 돌려 1/4로 자르고, 마지막에 1/8로 자른다.
3 물에 완전히 담가 3시간 두면 꽃처럼 활짝 핀다.

Part 7

우리 집 식물에 문제가 생겼어요

식물이 아파요

식물이 죽는 원인은 물이 지나치게 많거나 적기 때문이다. 이러한 현상이 뿌리나 잎에 나타난다.

〈 물의 양과 식물의 관계 〉

물 부족	물 과잉
• 아랫잎이 빨리 떨어지고 오므라들거나 잎이 노랗게 된다. • 잎 가장자리가 갈색으로 변하고 말라 간다. • 꽃의 색깔이 퇴색되고 꽃봉오리가 빨리 떨어져 버린다. • 잎이 갑자기 시들고 생장이 늦어진다.	• 잎이 연약해지고 표면에 반점이 생긴다. • 뿌리가 썩는다. • 꽃에 곰팡이가 생긴다.

뿌리가 부패하여 시드는 경우

▶ 물이 과다하여 뿌리가 호흡할 수 없을 때

▶ 흙의 입자가 미세하여 공기가 들어가지 못할 때

▶ 비료를 과다하게 주어서 뿌리에 비료가 닿았을 때

Q 금전수 잎자루가 물컹하게 되었어요

A 물을 많이 준 것이 원인입니다. 금전수는 잎이 두꺼우므로 물 주는 횟수를 적게 해야 합니다. 겉흙이 바싹 마르면 줍니다. 특히 빛이 없고 바람이 통하지 않는 곳에서 물을 많이 주면 이러한 현상이 나타납니다.

Q 호접란의 잎이 쭈글쭈글해요.

A 물을 많이 주어서 뿌리가 상한 경우입니다. 뿌리가 썩게 되면 뿌리가 호흡하지 못하여 잎으로 수분을 채우지 못하게 되어 잎이 쭈글쭈글하게 됩니다.

Q 시클라멘 또는 수선화의 잎이 누렇게 변했어요

A 높은 온도가 원인입니다. 이른 봄에 꽃을 피우는 식물의 적정 생육온도는 10~15℃입니다. 그런데 실내 온도는 대개 20~25℃이므로 잎이 쉽게 누렇게 될 수 있습니다. 잎이 누렇게 되면 물이 부족하다고 생각해서 물을 주는 경우가 많은데, 이렇게 하면 결국 알뿌리가 썩어 버립니다. 그러므로 꽃을 오래 보려면 온도가 낮고 햇빛이 충분한 곳(발코니, 베란다)에서 키워야 합니다.

Q 율마 잎이 거칠고, 따갑고, 만지면 잎이 우수수 떨어져요

A 물이 부족해서 말라 버린 것이 원인입니다. 율마는 잎이 작고 많아서 물을 자주 주어야 하고, 햇빛을 많이 받아야 하며, 통풍이 잘되는 곳에서 잘 자랍니다.

Q 고무나무 또는 귤나무 잎이 끈적하고 검게 되었어요

A 깍지벌레의 분비물이 원인입니다. 이 분비물은 달콤해서 개미들이 모여듭니다. 깍지벌레는 건조하고 통풍이 제대로 되지 않으면 많이 생기게 됩니다. 몸집이 딱딱하여 퇴치제를 3일 연속으로 뿌려 주어야 퇴치 가능합니다.

Q 포인세티아 잎이 다 떨어져 버렸어요

A 집 안이 건조한 것이 원인입니다. 습도가 높은 농장에서 재배한 것을 건조한 실내에서 키우면 건조함으로 인해 잎이 떨어져 버립니다. 이런 경우에는 습도가 높은 발코니나 베란다에서 키우는 것이 좋습니다. 잎이 다 떨어져도 뿌리가 건강하면 새 잎이 나옵니다.

Q 풍란의 잎이 말라 가요

A 습도가 낮기 때문입니다. 풍란은 남해안 일대 섬의 바위나 나무에 붙어 사는 착생란입니다. 섬과 같은 환경에서는 잘 자라지만, 겨울철 특히 실내 공중 습도가 낮은 아파트 실내에서는 뿌리가 마르고 잎이 쭈글

쭈글해지기 쉽습니다. 이러한 경우에는 유리나 플라스틱 용기에 넣거나 비닐봉지를 씌워서 습도를 유지해 줍니다. 비닐봉지에 구멍을 듬성듬성 뚫어 주거나, 비닐로 봉할 때 반 정도로 살짝 묶어 줍니다.

Q 겨울철 베란다 정원에는 어떤 식물을 키워야 좋을까요?

A 아파트 저층이나 단독 주택일 경우에는 추위에 강한 식물를 선택합니다. 열대~아열대성 관엽식물은 추위에 약해 냉해를 입을 수 있으므로, 팔손이·동백나무·남천 같은 온대성 식물을 키우는 것이 좋습니다. 지피식물 중에는 맥문동·산호수·수호초·아이비·애란·푸밀라, 꽃에는 잎모란(꽃양배추)·시클라멘·칼란코에·프리뮬러 등이 있습니다.

Q 여러 개의 화분을 어떻게 배치하면 보기 좋을까요

A 대부분 가정에서는 발코니에 화분을 몇 개씩 놓곤 합니다. 그런데 무작정 가져다 놓으면 정리가 안 된 것처럼 지저분하고 산만할 수 있습니다. 이때는 화분의 색상이나 형태 등이 비슷한 것끼리 모아 두면 한결 정돈된 느낌이 듭니다.

Q 사무실에서 어떤 식물을 키우면 좋을까요?

A 잎이 두껍고 줄기가 굵고(뿌리도 굵은) 식물을 선택하면 물 주는 횟수를 줄일 수 있어 관리하기 편합니다. 금전수·고무나무·드라세나 종류가 적당합니다. 그리고 스킨답서스·스파티필름·아글라오네마 같은 식물은 수경재배가 잘되므로, 뿌리의 흙을 적당히 털어 낸 뒤 속이 보이지 않는 용기에 담고 물을 부어 놓아두면 좋습니다.

여행을 떠나야 해요

오랫동안 집을 비워 물을 주기적으로 주기 어려울 경우에 '저면 관수' 방법을 쓴다. 저면 관수란 세숫대야 등 큰 용기에 물을 채운 뒤 그 안에 화분을 넣어서 아래에서부터 물을 흡수하는 방식이다. 저면 관수를 하는 동안에는 욕실 등과 같이 그늘지고 시원한 곳에 배치하면 된다. 여행 등으로 부득이한 경우에는 사용하는 경우 유용하지만 장기간 저면관수를 할 경우에는 뿌리가 썩는다. 보통 10일 정도까지 저면 관수를 한다(여름 5일, 겨울 10일).

〈 저면 관수하는 법 〉

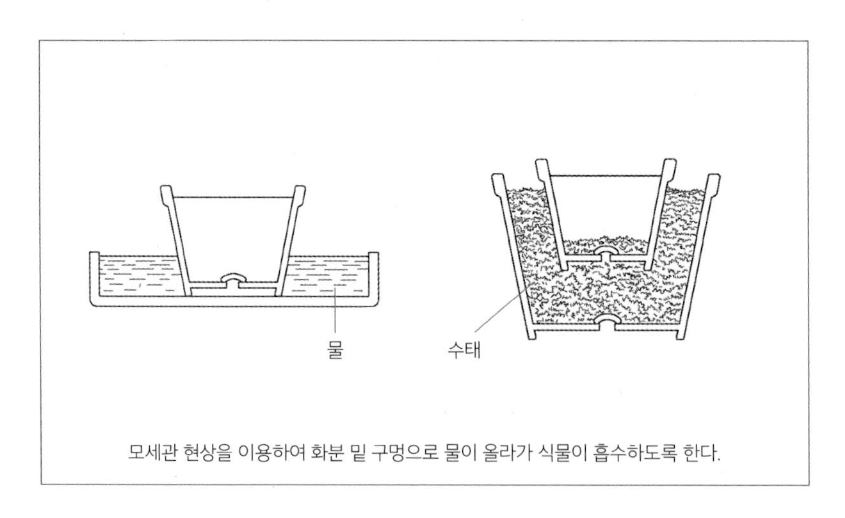

모세관 현상을 이용하여 화분 밑 구멍으로 물이 올라가 식물이 흡수하도록 한다.

반려 식물도 독성이 있나요

반려 식물이 좋은 점만 가지고 있는 것은 아니다. 집에서 키우는 식물들 중에는 독성이 있어서 만지거나 먹었을 경우 위험할 수 있다. 독성에 대한 반응은 사람에 따라 다르고, 식물의 성숙도도 영향을 미친다. 피부가 예민한 사람은 영향을 받지만 아무런 자극도 느끼지 않는 사람도 있다. 어린아이가 있는 집, 인식장애 환자가 있는 집, 반려동물을 키우는 집이라면 주의해야 한다.

독성이 있는 반려 식물

마리안느(디펜바키아 종류)

줄기나 잎을 잘랐을 때 나오는 수액에 독성인 수산화칼슘(옥살산칼슘)이 들어 있다. 잎을 먹게 될 경우, 혀와 입이 부풀어서 삼키거나 말하는 것이 어려워지며, 몸속에 들어가면 점막 손상을 일으킬 수도 있다고 한다. 그래서 영어로는 'dumb(벙어리) came(줄기)'라고 한다. 필자도 진액이 피부에 닿아 빨갛게 부어 오르며 가려웠던 경험이 있고, 어떤 분은 줄기를 잘라 작업하던 중 입 주변에 수액이 닿아 목과 입 주변이 부어 오른 적이 있다고 한다.

디펜바키아는 천남성과에 속하는데, 천남성과에 속하는 원예 식물은 공기 정화 능력이 뛰어난 만큼 자기 자신을 방어하는 독성(수산화칼슘)이 있는 경우가 많다고 한다. 흔히 보는 천남성과 식물로 몬스테라·스파티필름·안스리움·스킨답서스·알로카시아 등이 있다.

안스리움

식물 전체에 수산화칼슘이 들어 있어서 피부가 예민한 사람은 영향을 받을 수 있다.

알로카시아

증산작용으로 잎 끝에 물방울이 맺혀 아래로 물이 떨어지는데, 독성 분이 나무 바닥의 색을 변하게 하며, 흰 천에 묻어도 누렇게 변색된다.

마리안느　　　안스리움(위) / 알로카시아(아래)

란타나

식물 전체에 강한 독성이 있는 것으로 알려져 있다. 잎의 진액이 피부에 닿으면 염증을 일으키고, 녹색 열매를 삼켰을 경우 구토와 설사를 할 수 있다. 위와 장 계, 순환기 계통에 치명적일 수 있다고 한다.

만데빌라 산드라

줄기를 자를 때 나오는 우윳빛 액체가 피부에 자극을 주므로 피부가 예민한 사람은 가려움을 느낄 수 있다.

수선화

알뿌리에 독성이 있어서 먹었을 경우 구토와 경련, 발작을 일으킨다. 동물은 수선화를 꽂았던 물로도 해를 입을 수 있다고 한다.

란타나(위), 만데빌라 산드라(아래) 수선화

아이비

유해 물질인 포름알데히드 제거 효과가 크고 관리도 쉬워 흔히 키우는 식물이다. 피부가 예민한 사람은 수액이 닿을 경우 알레르기 반응을 일으킬 수 있다.

천사의 나팔

꽃이 아름답고 향기가 좋아 정원이나 발코니에서 많이 재배한다. 식물 전체에 환각을 일으키는 물질이 있다.

크로톤

식물이 상처를 입었을 때 나오는 우윳빛 수액이 피부에 닿으면 습진이 생길 수 있고, 수액을 먹으면 심한 설사를 할 수 있다.

천사의나팔(위) / 아이비(아래)　　크로톤

포인세티아

잎이나 줄기를 자르면 흰 유액에 독성이 있다. 먹었을 경우 위장장애를 일으킬 수 있으며, 발암물질이라고도 알려져 있다.

포인세티아

선물용으로 어떤 식물이 좋을까요

선물용(이사, 승진, 개업) 등으로 축하 화분을 선물하는 경우에 어떤 식물을 선택할 것인가가 늘 고민이 되는 부분이다. 식물에 의미가 있고, 받은 사람이 쉽게 관리할 수 있는 식물은 다음과 같다.

개운죽

나무의 모양이 '대나무를 닮고 운이 열린다' 하여 '개운죽(開運竹)'이라고 부른다. 이러한 이유로 개업식 등에 많이 선물한다. 서양에서도

개운죽

개운죽 수경재배

이 식물을 두면 집에 복이 들어온다고 하여 'Lucky Bamboo'라고 부른다. 반그늘에서 잘 자라며, 수경재배도 많이 한다.

금전수

줄기에 나란히 붙어 있는 잎 모양이 마치 동전이 주렁주렁 달려 있는 것처럼 보여 'Money Tree', '돈나무', '금전수'라고 부른다. 꽃말도 재물, 번영, 부귀여서 개업식이나 집들이에 주로 선물한다. 잎은 두꺼우며 광택이 있고 짙은 녹색이다. 통풍이 되지 않고 건조하면 깍지벌레가 생기는데, 이때는 물수건으로 잎을 닦아 주거나 벌레가 많은 경우에는 약제를 살포한다. 흙이 바싹 말랐을 때 물을 주면 되며, 과도하게 물을 줄 경우에는 뿌리 부근이 급속하게 물러 버린다. 이렇게 되었을 경우에는 잎줄기를 10cm 정도 잘라 물속에서 뿌리를 내리게 하면 된다.

금전수

잎꽂이로 번식시키기

녹보수

'녹색의 보석 나무'라는 의미에서 '녹보수'라고 불린다. 종 모양의 꽃이 가지마다 주렁주렁 열리고 향기가 은은하여 실내 관상용으로 인기가 많다. 잎에 윤기가 나고, 굵은 줄기는 생명력이 강해서 손쉽게 키울 수 있다. 굵은 줄기가 수분을 오랫동안 함유하고 있으므로 물을 자주 주지 않아도 된다. 잎의 윤기를 유지하려면 일주일에 3회 정도 분무기로 물을 뿌려 준다. 물을 많이 주면 잎이 누렇게 변하며 떨어져 버ㄹ;므로 주의한다. 지나치게 많이 자랐을 경우, 옆으로 자란 가지, 위로 웃자란 가지를 잘라 주면 통풍이 잘되어 깍지벌레 등이 생기지 않고 아름다운 형태를 유지할 수 있다.

녹보수

녹보수

자바(드라세나 종류)

드라세나 종류로, 공기 정화 식물이며 증산작용이 활발하다. 녹색 또는 연두색 잎은 폭이 좁고 가늘며 길쭉하고 멋스럽게 늘어진다. 반음지식물로, 여름철 햇빛이 강한 곳에서는 잎이 타 버린다. 통풍이 잘되는 곳에서 키워야 응애나 깍지벌레가 생기지 않는다. 적정 생육온도는 16~20℃이며, 겨울철 최저 온도는 13℃이다. 물은 흙이 마르면 충분히 준다. 지나치게 크게 자라면 줄기를 10cm 정도 잘라 물꽂이한 뒤 흙에 옮겨 심어 개체를 늘린다. 잎이 풍성하고 많으면 통풍이 제대로 되지 않아 벌레가 생기므로, 중간 중간 솎아 주어야 한다.

자바(드라세나 종류)

행운목(드라세나 종류)